城市园林
静态家园环境养性
景观图解

CHENGSHI YUANLIN

JINGTAI JIAYUAN HUANJING YANGXING JINGGUAN TUJIE

陈祺　王璐　裴红波　编著

U0319285

化学工业出版社

·北京·

本书从全国各地城市中精选代表性园林，分为坐赏园中园、游走园外园与街道广场、漫步历史名人园、摇曳水上环视园林和登高远借空中园林五部分，以大量的彩色照片从不同角度赏析，简述经典园林独有的艺术魅力。书中既注重园林艺术景观，也注意业态经营之旅游；既以古典园林为主，也适当陪衬现代园林；既以中国城市为主线，也少量兼顾国外城市。让读者在不同风格的对比中，更加去爱自己所在的城市"前厅后苑"，慢慢品味城市园林带给人们的优美静态环境。

本书可供园林、旅游、艺术、景观等领域的工程技术人员、科研人员和管理人员参考，也供高等学校相关专业师生参阅，还可供广大相关旅游文化爱好者和休闲养性者阅读。

图书在版编目（CIP）数据

城市园林·静态家园环境养性景观图解／陈祺，王璐，裴红波编著. —北京：化学工业出版社，2016.4
ISBN 978-7-122-26274-5

Ⅰ.①城…　Ⅱ.①陈…②王…③裴…　Ⅲ.①景观－园林设计－图解
Ⅳ.①TU986.2-64

中国版本图书馆CIP数据核字（2016）第026669号

责任编辑：刘兴春　　　　　　　　　　　　文字编辑：李　曦
责任校对：吴　静　　　　　　　　　　　　装帧设计：溢思视觉设计工作室

出版发行：化学工业出版社（北京市东城区青年湖南街13号　邮政编码100011）
印　　装：北京方嘉彩色印刷有限责任公司
787mm×1092mm　1/16　印张18¼　字数380千字　2016年7月北京第1版第1次印刷

购书咨询：010-64518888（传真：010-64519686）　　售后服务：010-64518899
网　　址：http://www.cip.com.cn
凡购买本书，如有缺损质量问题，本社销售中心负责调换。

定　　价：128.00元

前　言

城市园林具有独特的魅力和审美境界。其一是城市园林精湛的景观艺术所蕴涵的主题理念、美学境界和表达技巧。它们有着非常丰富和谐而又自然雅致的景观系统，提供居住、休闲、游憩的活动空间，尽管地域不同、格调相异，但正是这种各具风采的无穷变化，才让每一个游览者在无处不在的美景流连忘返，真切感受其独有的景观魅力，并慢慢体会其深藏着某些共性的景观审美法则和因人而异的趣味。

其二是城市园林作为一种大空间尺度的综合性文化艺术的时空载体，本身就含纳或联系着众多的文化艺术门类，几乎涉及人们生活的方方面面。

其三成功的城市园林作品不仅为人们提供一个优雅别致的居住和游览休闲的场所，也不仅仅是为中国丰富多彩的各类文化艺术提供了相互映衬的交流空间，更为重要的是主题意境（在时空上加上意境形成多彩五维空间），赋予了深厚的精神内涵。

在城市园林中，以"皇家园林"和"私家园林"两大类型为代表。皇家园林即帝王的御苑，规模宏大，多半与郊外的行宫相结合，少数建在都城内而毗连于皇宫；私家园林即民间的地主、富商、官僚、士绅在城市里建造的宅园或在郊外建造的别墅。两类园林都利用或者模拟天然山水作为造园的基础，结合建筑的经营、花木的栽培，创造一个布局极为自由、曲折有致而又赏心悦目的优雅环境。中国园林艺术根植于中国传统文化的沃土之中，所追求的是一种诗情画意般的意境。从地域分布来看，皇家园林主要分布在北京、西安、洛阳等北方城市，而私家园林则主要分布在苏杭、岭南等南方城市。北京颐和园和河北承德避暑山庄体现出皇家园林的风范；而苏州的拙政园和留园等则为典型的江南私家园林的代表。皇家园林面积开阔，种植观赏花木，叠置大型假山，以豪放自然、清幽纯朴取胜；私家园林则更讲究园内假山、水和花木的布局、配合、映衬及建筑的不对称美，体现自然之趣，以玲珑雅致见长。

城市园林的游览方法有多种。一是游览前必须认真查找有关资料，熟悉该园的历史文化背景及园内具体情况，使之做到心中有数。二是入园后应该沿着一定的游览路线进行游览，一般由廊、路、桥连接而成，其中主路用以连接景区，支路用以连接景点。三是解决好"游"与"停"的问题。游览园林必有"动观"、"静观"之分。一般来说，大园以动观为主，小园以静观为主。动观即在游览路线上（廊、路）漫步游览赏景，由于廊和路都是曲折的，所以在漫步游览时往往具有步移景异的特色，因而走时不宜太快，而以走走看看、看看走走漫步赏景为宜；特别是在转弯时，更应注意景色的变化。凡是动观，意在领略变化中的景色。而静观即在游览过程中，遇到亭、台、楼、榭、舫、桥等建筑时应停下来静观四周的美景。凡是静观，意在观赏景色的最佳处，包括各个对景和各个观赏对象。四是掌握观赏的主要内容，或观赏园之胜景，或欣赏造园艺术，或推敲园之意境。城市园林的欣赏，贵在深化。尤其是那种"庭院深深深几许"的文化艺术殿堂，单凭一次漫游是很难窥其奥秘的，常常需要一次、二次，以至三次、四次，才能悟到意境、妙境之所在。

本书从全国各地城市中精选代表性园林80例，分为坐赏园中园、游走园外园、漫步历史名人园、摇曳水上环视园林和登高远借空中园林五部分，以大量的彩色照片从不同角度赏析，简述经典园林独有的艺术魅力。书中既注重园林艺术景观，也注意业态经营之旅游；既以古典园林为主，也适当陪衬现代园林；既以中国城市为主线，也少量兼顾国外城市。让读者在不同风格的对比中，更加去爱自己所在的城市"前厅后苑"，慢慢品味城市园林带给人们的优美静态环境。

本书由杨凌职业技术学院生态环境工程分院园林实训指导教师陈祺高级工程师策划，并和长安大学王璐助理工程师、杨凌职业技术学院裴红波工程师共同编著，西安建筑科技大学杨强旭、扶风县召公镇召光小学陈佳等参与了部分资料收集与整理工作。特邀请杨凌职业技术学院王周锁副教授担任主审，在此深表谢忱。

本书在编著过程中，参考了大量的相关的著作、文献、图片和网络资料，除参考文献注明者外，如有遗漏，敬请谅解。在此，谨向各位专家学者、工程技术人员表示衷心感谢。

由于时间仓促和编著者的水平有限，书中疏漏和不足之处在所难免，恳请各位专家教授和广大读者提出宝贵批评指正意见，以便修订时改正，不胜感激。

编著者
2016年2月

目　录

第一章
坐赏园中园景观图解

■ 第一节　江南私家园中园景观图解

一、杭州西湖蒋庄（小万柳堂）景观图解

　　蒋庄位于杭州西湖西南端花港观鱼公园内，成为"园中之园"（图1-1）。它在花港观鱼公园的东南端，东依苏堤的"映波"与"锁澜"二桥之间，南接南湖，面邻西山，北枕西里湖。原为无锡人廉惠卿所建，名"小万柳堂"，旧称廉庄。清代宣统年间转售给南京人蒋国榜，以供其母到杭养病小憩时用，改建屋宇，并将小万柳堂易名为兰陵别墅，俗称蒋庄。主楼建于1901年，东楼于1923年建成。1950年4月，著名儒学大师马一浮（1883~1967）移居于此。蒋庄占地面积3168m²，建筑面积1295m²。主体建筑为中西合璧的两层楼房，面阔三间，通面宽15m，通进深12m。单檐歇山顶。四周回栏挂落走马廊，与西楼相接。东楼正面重檐，南北观音斗式山墙。内有"真赏楼""香岩阁"、书房"蠲戏斋"等。

（a）　　（b）

■图1-1　湖畔蒋庄全貌

　　蒋庄的布局，按照"郊园贵野趣，宅园贵清新"的美学原则作指导，先在东南角水际安亭，以长桥与苏堤相接，以得到"长桥卧波，未云何龙？复道行空，不霁何虹"的审美意境。而在长桥与北面粉墙之间，则又留一部分湖面与苏堤相接，在湖畔广植垂柳，不加修葺，每当春花

秋月之际，清风徐吹，人们可尽情享受到"梨花院落溶溶月，柳絮池塘淡淡风"的闲适。南面则直面湖水，不起墙垣，只设石栏，外借小南湖和湖南远处的荔枝峰入景，视域极其开阔，从居室向外眺望，即可收"远山含苍水，近水入楼台"之功；凭几而观，就可得到"春见山秀，夏见山气，秋见山情，冬见山骨"之效。西边则建一厢楼，以楼代墙，既挡烈日西晒，又可克服"淡雅之园难深"的缺陷，并给人一种"画栋朝飞南浦云，珠帘暮卷西山雨"的感觉。北面则堆土成坡，栽以修竹，筑以粉垣，以示"宁可食无肉，不可居无竹"的雅趣。

综观蒋庄，把园中景物和园外大千世界融为一体，"借得山水秀，添来气象新"，从而得到了"两面长堤三面柳，一园山色一园湖"的极佳艺术的效果。

1.主入口景观

见图1-2～图1-4。

■图1-2　主入口与卧波长桥

■图1-3　窗栏式花架景观

■图1-4　跨水骑岸之亭台

2.主楼与西楼景观

见图1-5~图1-9。

■ 图1-5　面湖的树木掩映中的主楼

■ 图1-6　主楼活动空间及其借景（南湖）

■ 图1-7　主楼前散置石

■ 图1-8　主楼与西楼的大树景观过渡

■ 图1-9　主楼马一浮纪念馆内部陈设景观

3.东楼景观

见图1-10~图1-12。

■ 图1-10　东楼草坪活动空间

■ 图1-11　错落的东楼景观

■ 图1-12　贴壁太湖石假山

4.北部绿化与次入口景观

见图1-13、图1-14。

■ 图1-13　片植竹林、绿化群落景观

■ 图1-14　路边卧置石、圆门次入口

二、苏州留园园中园景观图解

留园集住宅、祠堂、家庵、园林于一身，综合了江南造园艺术，并以建筑结构见长，善于运用大小、曲直、明暗、高低、收放等空间变化，吸取四周景色，形成一组组层次丰富，错落相连的，有节奏、有色彩、有对比的空间体系。全园用建筑来划分空间，面积约50亩，可分中、东、西、北四个景区：中部山水景区以山水见长，池水明洁清幽，峰峦环抱，古木参天；东部庭园景区以建筑为主，重檐叠楼，曲院回廊，疏密相宜，奇峰秀石，引人入胜；西部山林景区环境僻静，富有山林野趣；北部田园景区竹篱小屋，颇有乡村田园风味。反以中部水和东部石景为例，了解留园明洁清幽和曲院回廊之特色。

1.中部水景

见图1-15~图1-22。

中部是原来涵碧山庄的基址。中辟广池，西、北为山。东、南为建筑。假山以土为主，叠以黄石，气势浑厚。山上古木参天，显出一派山林森郁的气氛。山曲之间水涧蜿蜒，仿佛池水之源。池南涵碧山房、明瑟楼是留园的主体建筑，楼阁如同前舱，敞厅如同中舱，形如画舫。

楼阁东侧有绿荫轩，小巧雅致，临水挂落与栏杆之间，涌出一幅山水画卷。涵碧山房西侧有爬山廊，随山势高下起伏，连接山顶闻木樨香轩。山上遍植桂花，每至秋日，香气浮动，沁人心脾。此处山高气爽，环顾四周，满园景色尽收眼底。池中小蓬莱岛浮现于碧波之上。池东濠濮亭、曲溪楼、西楼、清风池馆掩映于山水林木之间，进退起伏、错落有致。池北山石兀立，涧壑隐现，可亭立于山冈之上，有凌空欲飞之势。

■ 图1-15　中部水景，宽窄变化，以桥藏源

■ 图1-16　小蓬莱（池中岛、岛上花架）

■ 图1-17　古木交柯、绿荫轩

■ 图1-18　画舫（涵碧山房、明瑟楼）

■ 图1-19　爬山廊、闻木樨香轩

■ 图1-20　假山顶上可亭，曲廊与远翠阁

■ 图1-21　清风池馆，曲溪楼

■ 图1-22　濠濮亭、断霞峰

2.东部石景

　　林泉耆硕之馆为鸳鸯厅，是我国古典园林厅堂建筑的精品。中间以雕镂剔透的圆洞落地罩分隔，厅内陈设古雅。厅北矗立着著名的留园三峰：冠云峰居中，瑞云峰、岫云峰屏立左右。冠云峰高6.5m，玲珑剔透，相传为宋代花石纲遗物，兼具：皱、透漏、瘦的特点系江南园林中最高大的一块湖石。峰石之前为浣云沼，周围建有冠云楼、冠云亭、冠云台、待云庵等，均为赏石之所。见图1-23~图1-25。

■ 图1-23　林泉耆硕之馆，浣云沼、佳晴喜雨快雪之亭　　　　■ 图1-24　冠云峰、冠云亭、冠云楼

■ 图1-25　瑞云、岫云两峰

三、无锡寄畅园园中园景观图解

　　寄畅园在无锡市惠山东麓惠山横街，明嘉靖初年（1527年前后）曾任南京兵部尚书秦金（号凤山）得之，辟为园，名"凤谷山庄"。寄畅园南北长，东西狭，占地15亩，园虽小而有古朴幽静、清旷、疏朗之特色。园景布局以山池为中心，巧于因借，混合自然。假山依惠山东麓山势作余脉状，又构筑曲涧，引"二泉"伏流注其中，潺潺有声，世称"八音涧"，前临曲池"锦汇漪"。而郁盘亭廊、知鱼槛、七星桥、涵碧亭及清御廊等则绕水而构，与假山相映成趣。园内的大树参天，竹影婆娑，苍凉廓落，古朴清幽。以巧妙的借景，高超的叠石，精美的理水，

洗练的建筑，在江南园林中别具一格。总体上说，寄畅园的成功之处在于它"自然的山，精美的水，凝练的园，古拙的树，巧妙的景"（图1-26）。

■图1-26　以山掩水，山环水抱；以水影山，山水相伴

1.八音涧

位于西北角假山中，原为悬淙涧，又名三叠泉。涧顺山势而下，迂回曲折，苍古自然。全用黄石堆砌而成。西高东低，总长36m。涧中石路迂回，上有茂林，下流清泉。涓涓流水，则巧引二泉水伏流入园，经曲潭轻泻，顿生"金石丝竹匏土革木"八音。八音涧上，1981年复建原有的"梅亭"一座，黑瓦粉墙，金山石柱，典雅大方，见图1-27～图1-32。

■图1-27　俯瞰八音涧，如游龙盘旋　　　■图1-28　平视八音涧，如群龙飞舞

■图1-29　八音涧上茂林、梅亭

■图1-30　出入口景观

■ 图1-31　石涧左右盘旋，或明或暗

■ 图1-32　溪流时宽时窄、或左或右，泉水叮咚、声声入耳

2.锦汇漪

位于寄畅园的中心，水面虽仅2.5亩，却汇集园内绚丽的锦绣景点而得名。犹如一面镜子，围绕着一泓池水而展开，山影、塔影、亭影、榭影、树影、花影、鸟影，尽汇池中。池北土山，乔柯灌木，与惠山山峰连成一气；而在嘉树堂向东看，又见"山池塔影"，将锡山龙光塔借入园中，成为借景的楷模。见图1-33~图1-38。

■ 图1-33　锦汇漪及其远借龙光塔

■ 图1-34　以桥划分水面，以小衬大

■ 图1-35　水上亭廊（知鱼槛）、亲水平台

■ 图1-36　廊桥藏源、园路藏源

■ 图1-37　以板桥、拱桥藏源

■图1-38 以岸边假山、水边石洞藏源

四、上海豫园园中园景观图解

豫园位于上海老城厢东北部，面积约30亩，为"豫悦双亲、安泰平安之意"。原是明朝一座私人花园，园内分为大假山、厅花楼、点春堂、会景楼、玉玲珑及内园等六个景区，设计精巧、布局细腻，以清幽秀丽、玲珑剔透见长，具有小中见大的特点，体现明清两代南方园林建筑艺术的风格，是江南古典园林中的一颗明珠。

1.西部假山

大假山由明代江南叠石名家张南阳设计建造，用数千吨武康黄石堆砌。假山峰峦起伏，磴道纡曲，涧壑深邃，清泉若注。山上花木葱茏，山下环抱一泓池水。游人登临，颇有置身山岭之趣。清末名人王韬曾描绘："奇峰攒峙，重峦错叠，为西园胜观。其上绣以莹瓦，平坦如砥；左右磴道，行折盘旋曲赴，或石壁峭空，或石池下注，偶而洞口含岈，偶而坡陀突兀，陟其巅视及数里之外。循径而下又转一境，则垂柳千丝，平池十顷，横通略约，斜露亭台，取景清幽，恍似别有一天。于此觉城市而有山林之趣，尘障为之一空。"400多年中，豫园景物时废时兴，而大假山仍保持旧观。大假山上有二亭，一在山麓，名"挹秀亭"，意为登此可挹园内秀丽景色；一在山巅，称"望江亭"，意为立此亭中"视黄浦吴淞皆在足下。而风帆云树，则远及于数十里之外"。昔重阳节时，游人来此登高望远，浦江帆樯，历历在目。见图1-39~图1-44。

■图1-39 两堂（仰山堂、翠秀堂）之间大假山

■ 图1-40 大假山北部、西部景观

■ 图1-41 大假山内部景观

■ 图1-42 三曲桥、扇面亭

■ 图1-43 山麓挹秀亭、山顶望江亭

■图1-44 观鱼廊榭、亲水平台

2.东部水景

豫园虽历经分合,但由于"屏、隔、通"等造园手法的灵活运用,园内布局颇为有序,见图1-45~图1-54。

景点多而不乱,并以水串联。

（1）玉玲珑、玉华堂 玉玲珑为江南三大名石之一,玲珑剔透,周身多孔,具有皱、漏、瘦、透之美,为石中甲品。古人曾谓"以一炉香置石底,孔孔烟出;以一盂水灌石顶,孔孔泉流"。玉华堂原为潘允端书斋,清道光年间重建,改名为香雪堂。1959年重建,仍名玉华堂。堂内现按明代书房布置,陈列着明代紫檀木画案等珍贵家具。

（2）积玉水廊、积玉峰 积玉水廊倚豫园东围墙,临曲池,积玉峰立于廊间。积玉峰玲珑剔透,原在也是园内,1956年移到豫园。池西及玉华堂前后,流水潆洄,山石嵯峨,花木扶疏,植白玉兰、白皮松、翠竹,幽雅恬静。

（3）会景楼、九狮轩 会景楼位于豫园中央,登楼可观全园景物,又名"得意楼"。九狮轩在会景楼西北,1959年重修豫园时,拆去民宅,凿池垒石,池北筑轩,名"九狮轩"。轩前置月台,可凭栏观赏池中荷花。

■图1-45 环龙桥、照壁

■图1-46 玉玲珑、玉华堂

■ 图1-47　一组水廊挑双楼（听涛阁、涵碧楼）

■ 图1-48　积玉水廊

■ 图1-49　九曲桥

■ 图1-50　流翠园门、积玉峰

■图1-51 会景楼

■图1-52 流觞亭、九狮轩

■图1-53 直廊、折廊

■图1-54 西部水杉驳岸、东部垂柳驳岸

五、扬州片石山房景观图解

片石山房在扬州城南花园巷，位于何园的西南端，面积仅1亩多；又名双槐园，园以湖石

著称。园内假山传为石涛所叠，结构别具一格，采用下屋上峰的处理手法。主峰堆叠在两间砖砌的"石屋"之上。有东西两条道通向石屋，西道跨越溪流，东道穿过山洞进入石屋。山体环抱水池，主峰峻峭苍劲，配峰在西南转折处，两峰之间连冈断堑，似续不续，有奔腾跳跃的动势，颇得"山欲动而势长"的画理，也符合画山"左急右缓，切莫两翼"的布局原则，显出章法非凡的气度。

1.入口景观

见图1-55、图1-56。

■ 图1-55 入园就见石

■ 图1-56 海棠门、瓶门、月门，层层疾进

2.贴壁假山与水池景观

片石山房以湖石紧贴墙壁堆叠为假山，山顶高低错落，主峰在西首，山上有一株寒梅，东边山巅还有一株罗汉松，树龄均逾百年。山腰有石磴道，山脚有石洞屋两间，又因整个山体均为小石头叠砌而成，故称片石山房。石块拼镶技法极为精妙，拼接之处有自然之势而无斧凿之痕，其气势、形状、虚实处理等，与石涛画极相符。水榭在池之南，与假山主峰遥遥相对，面对崖壑流云、茫茫烟水。水榭此景颇能体现石涛的诗意："白云迷古洞，流水心澹然；半壁好书屋，知是隐真仙。"假山丘壑中的"人工造月"堪称一绝，光线透过留洞，映入水中，宛如明月倒影。全园水趣盎然，池水盈盈。园内新添碑刻，选用石涛等诗文9篇，置于西廊壁上。壁上还嵌置一块硕大镜面，整个园景可通过不同角度映照其中。见图1-57~图1-60。

（a） （b）

■ 图1-57　贴壁假山

（a） （b）

■ 图1-58　水中月望山、墙上镜映石

（a） （b）

■ 图1-59　水从隐到显、从窄到宽

（a） （b）

■ 图1-60　水榭、山水相映

3.琴棋书画

厅以石板进行空间分隔，其一为半壁书屋，又一为棋室，以双槐园遗物老槐树根制作棋台，造型古拙。中间则为涌泉，伴以琴台，琴棋书画，合为一体。见图1-61~图1-63。

■图1-61　琴棋书画厅　　　　　■图1-62　琴（泉声如琴奏）、棋（槐树根棋台）

■图1-63　书房、景窗石画

第二节　北方皇家园中园景观图解

一、北京北海公园园中园景观图解

北海公园位于北京市中心，中南海之北、什刹海之南，是中国现存历史最悠久、保存最完整的皇家园林之一，距今已有近千年的历史。北海公园总面积为70.87万平方米，水域占38.87万平方米，陆地占32万平方米。主要景点均环绕水面而建，分为琼华岛、北岸、东岸和团城四大景区。园内水面开阔，湖光塔影，苍松翠柏，花木芬芳，亭台楼阁，叠石岩洞，绚丽多姿，犹如仙境。北海园林是根据中国古代神话故事《西王母传》中描写的仙境建造的，历经辽、金、元、明、清五代，逐步形成了今天的格局。

1.濠濮涧

位于北海公园东岸的小土山中，是一座马蹄形小山围住的一处水潭，其布置精巧，环境清幽，有曲径通幽、回还变化之妙，在濠濮涧三面临水的中心水榭上观赏湖景，妙趣横生，其乐无穷。从水榭南面的回廊，往南，到土丘的一座书房边，又翻下去，有高高的假山青石阶与回廊并行到丘下。顺着回廊往水榭走，或者从水榭走出回廊，都有种柳暗花明的变化感觉。回廊上自然是画有许多虫草花鸟，书房山墙上所绘的两头梅花鹿古意盎然。濠濮是园林的一种格局，要表现出的是山水相依的一种景象，其水位较低，水面狭长，往往能产生两山夹岸之感。而护坡置石，植物探水，可造成幽深濠涧的气氛。见图1-64~图1-68。

■图1-64　块石护坡的山涧

■ 图1-65　濠濮涧平视游赏景观

■ 图1-66　濠濮涧俯瞰景观

■ 图1-67　山林之涧、围墙之涧

■ 图1-68　左右盘旋、上下翻腾的廊涧

2.琼华古洞

　　北海琼华古洞位于琼华岛北麓，系一组蜿蜒幽邃的太湖石假山岩洞，始建于金大定六年（1166年）。它西始"酣古堂"，东至"盘岚精舍"，北止"写妙石室""延南薰亭"，全长200m左右，玲珑夺巧，不仅为园林叠石堆山之杰作，亦为我国规模较大的太湖石假山之一。琼华岛是古代神话"一池三山"中"蓬莱"仙岛的象征。琼华古洞乃幻想中仙山上的景物，原为仙人的居所。其洞景物以二仪四象、十二生肖、六十甲子天成，五行八卦行布。有"吕公洞""真

如洞"仙窟及乾隆在"延南薰"习武练功,按随身香扇形建亭,而得"扇面亭"等传说。诸多神趣故事,使这一嶙峋洞壑增添了几分神秘色彩。此景一变山南寺院对称的布局,充满曲折奥妙的自然情趣,亭台楼阁的布置交错变换于幽邃的山洞与嶙峋的山石之间。仰望之,别有仙人洞天之感。攀登或穿山洞而行,既有山行情趣,又有庭院佳境,是一很好的游览场所。见图1-69~图1-73。

■ 图1-69 进出口景观

■ 图1-70 洞外假山置石

■ 图1-71 洞内或狭长或宽敞,空间变化多端

■ 图1-72　洞内神话人物雕塑

■ 图1-73　扇面亭（扇窗、扇桌）

3.静心斋

　　静心斋位于北海公园太液池的北岸，占地7400平方米，前门对着琼岛中心，四周有围墙环绕。静心斋是乾隆皇帝按照自己的喜好建造的，它是一座行宫式小园建筑。园林东枕小山，南临海水，西邻西天梵境寺，四周有围墙环绕。园内散布着亭、台、楼、轩等小建筑，其中有镜清斋、画峰室、韵琴斋、抱素书屋、焙茶坞、枕峦斋、罨画轩等，建筑前后有小波清澈的池沼，其间还有精致的小桥相连，加以自然造形的湖石假山，把园内的建筑分隔成几个大小不同的院落，环环相套，层层进深，极富层次感。隔湖相望，呈现出一种天然之美，宁静又幽雅，无论从哪个角度看，都是美妙完整的一景，的确是园林中难得的精品。见图1-74~图1-80。

■ 图1-74　主体建筑镜清斋前后景观

■图1-75 镜清斋俯视景观

■图1-76 构图中心——沁泉廊

■图1-77 西部景观及山顶枕峦亭

■图1-78 东部景观及小玉带桥

■ 图1-79　北部爬山廊景观

■ 图1-80　西有抱素书屋、东有鼋画轩

二、承德避暑山庄园中园景观图解

　　承德避暑山庄，又名承德离宫或热河行宫，位于河北省承德市中心北部，武烈河西岸一带狭长的谷地上，是清代皇帝夏天避暑和处理政务的场所。山庄占地564万平方米，是中国现存最大的皇家园林。山庄借助自然和野趣的风景，形成了东南湖区、西北山区和东北草原的布局，共同构成了中国版图的缩影。宫殿区建于南端，是皇帝行使权力、居住、读书和娱乐的场所，至今珍藏着两万余件皇帝的陈设品和生活用品。避暑山庄这座清帝的夏宫，以多种传统手法，营造了120多组建筑，融汇了江南水乡和北方草原的特色，成为中国皇家园林艺术荟萃的典范。

1.文园狮子林

　　文园狮子林和水心榭隔东湖相对，建成于1774年，似一个精雕细琢的巨大盆景坐落在湖面上，仿苏州狮子林而建，置身园内，处处美景如画，好似天宫楼阁。狮子林从开始就本着园中之园的宗旨，布局自然，峰回路转，园内以假山叠石为主体。建筑形式有厅堂、亭轩、斋堂等，乾隆皇帝题额16景，星罗棋布地散落在碧水与假山之间，构成一幅奇丽的图画，不似仙境胜似仙境。见图1-81~图1-86。

■ 图1-81　前部文园景观

（a）　　　　　　　　　　　　（b）

■ 图1-82　横碧轩、四角亭

（a）　　　　　　　　　　　　（b）

■ 图1-83　满月虹桥、蜿蜒蹬道

■ 图1-84　后部狮子林景观

（a）　　　　　　　　　　　　（b）

■ 图1-85　水边榭、山顶亭

■ 图1-86　观景台及其框景

2.烟雨楼

　　烟雨楼在避暑山庄如意洲之北的青莲岛上，是清乾隆十五年（1780年）仿浙江嘉兴南湖（鸳鸯湖）之烟雨楼而建的。楼自南而北，前为门殿，后有楼两层，红柱青瓦，面阔五间，进深二间，下有石砌基础，坐落于水中；单檐，四周有廊。上层中间悬有乾隆御书"烟雨楼"匾额。楼东为青杨书屋，是皇帝读书的地方，楼西为对山斋，两者均三间，楼、斋、书屋之间有游廊连通，自成精致的院落。东北为一座八角轩亭，东南为一座四角方亭，西南叠石为山，山上有六角凉亭，名翼亭，山下洞穴迂回，可沿石磴盘旋而上，也可穿过嵌空的六孔石洞，出日嘉门，到烟雨楼。见图1-87~图1-90。

■ 图1-87　九曲桥引渡到烟雨楼

■ 图1-88　假山及其山顶翼亭

■ 图1-89　烟雨楼侧面全景

■ 图1-90　烟雨楼背面全景

3.沧浪屿

　　从避暑山庄烟雨楼出来往前走，西岭晨霞之东，有一座用虎皮石墙围起来的园中之园，康熙皇帝命名为"沧浪屿"。这小园子从后面西北的小门外看，就是一个普通的院落，可进了小门，真的是妙比姑苏。后门进来敞厅北临一泓池水，池周怪石横空，或则峭壁直下，势如千仞。清泉自石隙汩汩而入，满池绿云浮空，有"天水涵溶万象收"的咫尺天涯之感。池北假山，奇形怪状，参差不齐，挺拔陡峭，形成"屿不满十弓，而陡壁直下，有千仞之势"。正门进满院山石嶙峋，经弯曲的小径，有室3间，是康熙皇帝读书之所。因当年阶侧有一株双干古松，故室名"双松书屋"。双松书屋北毗连敞厅一座，北檐悬"沧浪屿"匾一面，槛联为"松生青石上，泉落白云间"。屋内正中有一高几，两边是铺着黄缎垫子的椅子，屋北的敞亭摆几套方桌椅，一看就是弹琴论书的好地方。身在其中，望着池中碧绿的池水，看水中红鲤竞戏。抬头北望，淙淙作响的泉水从假山的空穴和缝隙中汩汩涌出，飞跌池中，池中的睡莲，翠叶田田，饶有神韵。见图1-91~图1-94。

■ 图1-91　园门入口与虎皮石围墙

■ 图1-92　假山、驳岸

■ 图1-93　背山面水的双松石屋

■ 图1-94　直廊、置石

4.金山

　　避暑山庄的金山岛实则模仿江南镇江金山寺，它以码头为入口，登岸后可利用爬山廊道拾级而上，到达山顶的两座建筑，其中一座是水平开展的"天宇咸畅"殿供俯瞰全岛。如果更上一层楼登上拔地而起的玉皇阁（俗名金山亭），则湖光山色尽入眼中。阁高十几米，是湖区最高的多层建筑，也是湖区的一个构图中心。阁分三层，阁内各层设有供桌、供器、供品等，供奉着古代神话中的主神，当年帝后、嫔妃们常来此祭拜。见图1-95~图1-98。

■ 图1-95　金山岛远景　　　　　　　　　　■ 图1-96　金山岛侧面中景

■ 图1-97　芳洲亭、圆弧廊

■图1-98　爬山直廊通向上帝阁

三、沈阳故宫后花园景观图解

　　沈阳故宫坐落在沈阳老城"井字街"中心，融汇了满、汉、蒙多民族的历史文化与建筑风格。后花园位于清宁宫的高台后面，并有地下窨道与清宁宫相通，是皇帝膳食的制作供给区。站在清宁宫所处的高台上，可以看到整个后花园的情景。园内有三间碾磨房、28间仓房，以及一座四角凉亭。后花园虽然面积不大，但无一处不是精雕细琢。亭台水榭、假山树木整修一新，是沈阳故宫一处最完美的园林，从任何一个角度都可以拍出历史味极浓的留影，游人竞相驻足。见图1-99~图1-104。

■图1-99　假山瀑布及其四角亭

■图1-100　自然水池及其拱桥

■图1-101 规则水池

■图1-102 双面空廊

■图1-103 墙边置石、墙角花坛

■图1-104 仓房及其置石阵

四、开封府东花园景观图解

开封为北宋时期都城，威名驰誉天下；包拯扶正祛邪、刚直不阿，美名传于古今。重建的

"开封府"位于开封包公湖东湖北岸，建筑面积1.36万平方米，气势恢弘，巍峨壮观，与位于包公湖西湖的包公祠相互呼应，同碧波荡漾的三池湖水相映衬，形成了"东府西祠"，楼阁碧水的壮丽景观。开封府依北宋《营造法式》建造，以正厅（大堂）、议事厅、梅花堂为中轴线，辅以天庆观、明礼院、潜龙宫、清心楼、牢狱、英武楼等五十余座大小殿堂。

1.山水骨架景观

见图1-105~图1-110。

■图1-105　弦月山正面景观

■图1-106　弦月山侧面景观

（a）

（b）

■图1-107　山体内部蹬道

■图1-108　明镜湖俯视景观

■ 图1-109 明镜湖塑石驳岸与亲水平台

■ 图1-110 三曲桥

2.主体建筑景观

见图1-111~图1-116。

■ 图1-111 山水间的范公阁

■ 图1-112 潜龙宫、清心楼与范公阁错落照应

■ 图1-113 潜龙宫映照在明镜湖

■图1-114 潜龙宫

■图1-115 明镜湖蜿蜒尽头的清心楼

■图1-116 清心楼

五、长春伪满皇宫博物院御花园景观图解

伪满皇宫博物院在长春市东北角，为一组以琉璃瓦顶为主的院落，布局和风格杂乱而不甚协调。该馆是清朝末代皇帝爱新觉罗·溥仪充当伪满洲国皇帝时居住的宫殿，是日本帝国主义武力侵占中国东北，推行法西斯统治的历史见证。院内有东、西两个御花园，以及游泳池、书画楼等。

1.东御花园（图1-117~图1-122）

东御花园建成于1938年，占地面积10000余平方米，是由日本造园设计师佐藤昌设计并监造的具有日本园林风格的花园。园内有假山、人工瀑布、小溪、养鱼池、花坛、草坪以及栽种的各种树木连成一体，动静相衬，步移景异。

■ 图1-117　东御花园入口、主楼观景台

■ 图1-118　平地绿化、山地绿化

■ 图1-119　山体及其山顶六角凉亭

■ 图1-120　假山瀑布、蜿蜒溪流

■ 图1-121　水池景观

■ 图1-122　池中岛（休息平台）

2.西御花园

西御花园，伪满初期修建，占地3000余平方米。园内栽植有各种花草树木，此外还有凉亭、太湖石假山、小桥池水。整个花园小巧玲珑，颇具秀美之风。见图1-123~图1-125。

■ 图1-123　西御花园入口、微地形处理

■ 图1-124　绿化、美化景观

■ 图1-125 假山瀑布与茅草凉亭

六、天津静园景观图解

　　静园原名乾园，建于1921年，是民国时期参议院议员、驻日公使陆宗舆的住宅。1929年7月，清末代皇帝溥仪携婉容、文绣由张园迁此居住。静园占地总面积达到3360m²，为三环套月式三道院落，即前院、后院和西侧跨院。静园主体为西班牙式二层（局部三层）砖木结构，中央亭子间突出，西半部有通天木柱的外走廊，东半部为封闭式。静园前院建成花园，园内种杨树、槐树、丁香树，并设置藤萝架、葡萄架，修复荷花池、小亭阁。甬道用河卵石铺砌而成。靠东北面修复传达室、厨房、汽车库和网球场，静园后园内修复一段小游廊和前院隔开。见图1-126~图1-131。

■ 图1-126 入口与围墙

■ 图1-127 主楼（西班牙风格）

■ 图1-128　楼前喷泉

（a）

（b）

■ 图1-129　景廊、花架

（a）

（b）

■ 图1-130　假山置石

■ 图1-131　古树及其保护

第三节　岭南商业园中园景观图解

一、佛山梁园石庭景观图解

　　佛山梁园是佛山梁氏宅园的总称，位于广东佛山市松风路先锋古道93号，1982年重修后改称梁园。梁园主要由"十二石斋""群星草堂""汾江草芦""寒香馆"等四组毗邻的建筑群组成，规模宏大。梁园总体布局以住宅、祠堂、园林三者浑然一体，最具当地大型庄宅园林特色，尤其是以奇峰异石作为重要造景手段。其中的四组园林群体因各自构思取向不同而风格各异，各种"平庭""山庭""水庭""石庭""水石庭"等岭南特有的组景手段式式具备，变化迭出。相传梁园奇石达四百多块，有"积石比书多"的美誉。其中，"群星草堂"中最吸引人的莫过于"石庭"。它讲究一石成形、独石成景，在岭南私园中独树一帜。梁园的主人通过对独石、孤石的整理，突显个体特性，在"壶中天地"中表达了对人的个性和自由人格的追求。园内巧布太湖、灵璧、英德等地奇石，大者高逾丈，阔逾仞，小者不过百斤。在庭园之中或立或卧、或俯或仰，极具情趣，其中的名石有"苏武牧羊""童子拜观音""美人照镜""宫舞""追月""倚云"等。景石大都修台饰栏，间以竹木、绕以池沼。梁园的山都不是"叠"出来的，而是与整个造园质朴的风格相统一的，不求恢宏的气势而求石的神态韵味，以小代大，表现山川之奇。梁九图在诗中描述道，"衡岳归来意未阑，壶中蓄石当烟鬟"。这种以石代山取代"叠山"的方法，摒弃了石块的积压堆砌，省却了石头纹理及形状的比照磨合，可以更灵活自由地表达不同思想情感。今十二石斋和寒香馆已为民居，以群星草堂和汾江草庐为例。入口石景如

图1-132所示。

■图1-132 入口石景

1.群星草堂

　　群星草堂是梁园的园中园，面积1330m²，为梁九华所建，是梁园的精华。园内只有一厅、一舫、一亭。建筑物之间配置山石、树丛、斜桥、水松、修竹等组景，着意表现庭园的古雅清幽。该园区内的二道门、秋爽轩、船厅呈现曲折形布置于东北角，而船厅是一座两层楼，上楼可纵观全园。园林建筑宽敞通透，四周回廊穿引，有步移景异之效。见图1-133~图1-139。

■图1-133 群星草堂（厅）

■图1-134 船厅、秋爽轩

■ 图1-135　平庭景观

■ 图1-136　堂外置石、堂内供石

■ 图1-137　平庭向山庭过渡

■ 图1-138　山庭及山顶方亭

■ 图1-139　水庭石景

2.汾江草庐

　　汾江草庐绿水如镜，两岸花竹环绕，有韵桥、石舫、个轩、笠亭、种纸处、水蓊坞、锁翠湾诸胜，此处曲径、亭台错落，缚柴作门，列柳成岸，苍松百株。立足在池边，池内片植荷花，参差错叠，碧盖千茎，丹葩几色。湖中心有巨石屹立，含呀峭角，莫可言状。石旁有小轩，谓之"石舫"，长7~8m，有如紫洞艇，浪接花津，路逼蓊坞。亭西有韵桥，若彩虹高悬明镜之上。桥北有芭蕉树丛，设有石几案。见图1-140~图1-145。

■ 图1-140　入口景观

■ 图1-141　个轩及其岸边孤置石

■ 图1-142　岸边群置石

■ 图1-143　水中置石，或竖如猿或卧如龟

■ 图1-144　以石陪石舫

■ 图1-145　以石陪韵桥

二、番禺余荫山房园中园景观图解

余荫山房，又名余荫园，位于广州市番禺区南村镇东南角北大街，距广州市区17km。余

荫山房为清代举人邬彬的私家花园，始建于清代同治三年（1864年），距今已有100多年历史。园占地面积1598m²，以"小中见大、环水建园和浓荫蔽园"三大艺术特色著称。其布局十分巧妙，园中亭台楼阁、堂殿轩榭、桥廊堤栏、山山水水尽纳于方圆三百步之中。园中之砖雕、木雕、灰雕、石雕等四大雕刻作品丰富多彩，尽显名园古雅之风。更有古树参天，奇花夺目，顿使满园生辉。而园中"夹墙竹翠""虹桥印月""深柳藏珍""双翠迎春"等四大奇观，使游人大开眼界，乐而忘返。

1.园中水池景观图解

（1）石砌荷池（图1-146）西半部以长方形石砌荷池为中心，池南有造型简洁的临池别馆，为园主的书斋，建筑细部装饰玲珑精致，兼有苏杭建筑的素雅与闽粤建筑的曼丽。池北为主厅深柳堂，堂前庭院两侧有两棵苍劲的炮仗花古藤，花怒放时宛若一片红雨，十分绚丽。深柳堂是园中主体建筑，是装饰艺术与文物精华所在，堂前两壁的窗古色古香，厅上两幅花鸟通花花罩栩栩如生。侧厢32幅桃木扇格画橱，碧纱橱的几扇紫檀屏风，皆为著名的木雕珍品。隔莲池相望，有临池别馆呼应，夏日凭栏，风送荷香，令人欲醉。在深柳堂左侧有一间庐舍，名为"卧瓢庐"，专为宾友憩息而设。

■ 图1-146　石砌荷池及其池北主厅深柳堂

（2）八角形水池（图1-147～图1-149）东半部的中央为一八角形水池，池中有八角亭一座，名"玲珑水榭"，八面全是窗户，可以八面观景，是全园最佳观景处。该处原是赋诗把酒、吟风弄月之所，有丹桂迎旭日、杨柳楼台青、蜡梅花盛开、石林咫尺形、虹桥清晖映、卧瓢听琴声、果坛兰幽径、孔雀尽开屏之八角玲珑。水榭东南沿园墙布置了假山；水榭东北点缀着挺秀的孔雀亭和半边亭（来薰亭）。周围还有许多株大树菠萝、蜡梅花树、南洋水杉等珍贵古树。"来薰亭"半身倚墙而筑，"卧瓢庐"幽辟北隅，"杨柳楼台"沟通内外，近观南山第一峰，远接莲花古塔影。

■ 图1-147　八角水池及其中心的玲珑水榭（八角亭）

■图1-148 假山

■图1-149 孔雀亭、来熏亭

（3）浣红跨绿廊桥（图1-150） 东西两半部的景物，通过名叫"浣红跨绿"的拱桥有机地结合在一起。

■图1-150 石砌荷池及浣红跨绿廊桥

2.文昌苑景观图解

见图1-151~图1-155。

■图1-151 入口、漾春轩

■ 图1-152　挂榜青山

■ 图1-153　挂榜青山蹬道与山道

■ 图1-154　文昌飞阁

■ 图1-155　独占鳌头、闲趣亭

3.后花园景观图解

见图1-156~图1-159。

■图1-156　园门入口景观

■图1-157　错落花坛组

■图1-158　棋阵景观

■图1-159　曲水流觞（契赏亭）

三、顺德清晖园园中园景观图解

清晖园位于佛山市顺德区大良镇华盖里，为我国南方古典园林艺术的杰作。其布局既能吸取苏州园林艺术精华，又能因地制宜，环境以清幽自然、秀丽典雅见称。建筑艺术颇高，蔚为壮观，建筑物形式轻巧灵活，雅读朴素，庭园空间主次分明，结构清晰。整个园林以尽显岭南庭院雅致古朴的风格而著称，园中有园，景外有景，步移景换，并且兼备岭南建筑与江南园林的特色。现有的清晖园，集明清文化、岭南古园林建筑、江南园林艺术、珠江三角水乡特色于一体，是一个如诗如画、如梦幻似仙境的迷人胜地。

1.九狮山景观图解

见图1-160~图1-163。

■ 图1-160　九狮山正面景观

■ 图1-161　九狮山侧面景观

■ 图1-162　依廊狮

■图1-163　依墙狮

2.凤来峰景观图解

见图1-164~图1-167。

■图1-164　凤来峰及其瀑布景观

■图1-165　背面蹬道、山顶凉亭

■图1-166　洞穴景观

■图1-167　山麓景观

3.园内方池景观图解

见图1-168~图1-171。

■图1-168　方形水池

■图1-169　澄漪亭

■图1-170　碧溪草堂、六角亭

■ 图1-171 船厅

四、东莞可园后花园景观图解

可园位于广东省东莞市莞城区博厦村西部，为清代广东四大名园之一。它平面呈不规则的多边形，占地面积约2204m^2，建筑面积1234m^2。所有建筑均沿外围边线成群成组布置，"连房广厦"围成一个外封闭内开放的大庭园空间。根据功能和景观需要，建筑大致分三个组群。东南门厅建筑组群，为入口所在，是接待客人和人流出入的枢纽。以门厅为中心还建有擘红小榭、草草草堂、葡萄林堂、听秋居等建筑。西部楼阁组群，为款宴、眺望和消暑的场所，有双清室、桂花厅（可轩）、厨房和侍人室。北部厅堂组群，是游览、居住、读书、琴乐、绘画、吟诗的地方。临湖设游廊，题为博溪渔隐，另有可堂、问花小院、雏月池馆、绿绮楼、息窠、诗窝、钓鱼台、可亭等建筑。

1.后花园内部景观

图1-172~图1-175。

■ 图1-172 后花园内部景观全貌

■ 图1-173 大树、凉亭

■图1-174 随形就势的花坛群及其桌凳

■图1-175 置石景观与仰借邀山阁（可楼）

2.后花园边界景观

见图1-176、图1-177。

■图1-176 三孔拱桥及其水榭景观

■图1-177 观鱼簃

3.后花园外部景观

见图1-178~图1-182。

■图1-178 后花园外部景观全貌

■图1-179 曲桥与可亭

■图1-180 栈桥（游廊）入口

■图1-181 游廊景窗

■图1-182 可湖欣赏后花园外部景观的观景台

五、广州兰圃芳华园景观图解

广州的兰圃虽小，却很清新幽静。芳华园是兰圃的园中园，地处小丘顶上，是我国参加1983年德国慕尼黑国际园艺展"中国园"的样板园。全园面积仅为540m²。它既吸收了江南园林幽雅曲折之风格，又有岭南园林开朗明快之特点，景致幽雅，布局精心，建造技艺精湛。芳华园的主体建筑是一座临水的船厅，它是岭南园林的典型代表之一。

1.出入口景观

见图1-183、图1-184。

■图1-183 入口景观

■图1-184 出口景观

2.主体景观（一台一舫一亭，水池相连）

见图1-185~图1-188。

■图1-185 起云入趣，观景台

■图1-186 水池船厅（画舫）正面景观 ■图1-187 水池船厅（画舫）侧面景观

■ 图1-188 观景凉亭（与船厅相对）

3.局部细节景观

见图1-189、图1-190。

■ 图1-189 壁泉、窗框置石

■ 图1-190 园门、景墙、花坛、园灯

第二章
游走园外园与街道广场景观图解

第一节　园外园景观图解

一、苏州沧浪亭园外水景与建筑景观图解

　　沧浪亭位于苏州市城南三元坊附近，在苏州现存诸园中历史最为悠久。始建于北宋，为文人苏舜钦的私人花园，称"沧浪亭"。以清幽古朴见长，以山林野趣和"崇阜广水"为特色，面积约16亩，以假山为中心，建筑绕山而建，水景借自园外葑溪，与苏州其他诸园高墙围闭大为不同。踱步沧浪亭，未进园门便见一池绿水绕于园外，临水山石嶙峋，复廊蜿蜒如带，廊中的漏窗把园林内外山山水水融为一体。园内以山石为主景，山上古木参天，山下凿有水池，山水之间以一条曲折的复廊相连。沧浪亭外临清池，曲栏回廊，古树苍苍，垒叠湖石。人称"千古沧浪水一涯，沧浪亭者，水之亭园也"。沧浪亭园外景色因水而起，园门北向而开，前有一道石桥，一湾池水由西向东，环园南去。清晨夕暮，烟水弥漫，极富山岛水乡诗意。见图2-1~图2-5。

■ 图2-1　未入园先见水，沧浪之感顿生

■ 图2-2　引渡入园的曲桥

■图2-3 观鱼亭、复廊

■图2-4 面水轩、藕花水榭与锄月轩

■图2-5 苏州美术馆

二、扬州个园周围景观图解

个园是扬州市内以石斗奇的著名古典园林，四季假山虽各具特色，但又有一气贯注之势。春山是序曲，夏山是展开部，秋山是高潮，冬山是尾声，恰如一支跌宕起伏、引人入胜的乐曲。因"个"字乃"竹"字之半，故名。

1.个园南门周围景观

个园南门隐藏在东关街中段街北的一条深巷中，园门在住宅之后。见图2-6~图2-10。

■ 图2-6　个园南门及其福字壁

■ 图2-7　商铺

■ 图2-8　客栈

■ 图2-9　民居

■图2-10　其他园居

2.个园北门富春花园（茶社）

为了游人方便，现在，个园已将园门改在盐阜路(环城北路)，由富春花园大门进出。游客观赏个园前后，均可在此歇脚品茶，尝几色淮扬细点。见图2-11~图2-14。

■图2-11　富春花园茶社景观全貌

■图2-12　自然式鱼池

■图2-13　水上茶社

（a）　　　　　　　　　　　　　　（b）

■ 图2-14　亭廊、曲桥

3.花局里商业街

　　花局里商业街辟有淮扬美食、传统工艺、茶馆酒吧、旅馆客栈、文艺展演以及盐商私家园林观光旅游等六大特色区域。花局里是一个经济、文化和艺术并举项目。见图2-15～图2-17。

　　（1）"花局里"之"花"　"千家有女先教曲，十里栽花算种田。"这是画家诗人郑板桥咏叹扬州的名句。扬州自古就是一座花城，一个万紫千红的花花世界。

　　（2）"花局里"之"局"　扬州老百姓爱说局、设局，如书局、饭局、茶局、棋局等，"局"由此成为一个极具扬州市井意味的词汇。以花局里命名"双东"仿古商业街，蕴含着老扬州市井的流风遗响，铺陈着老扬州地方的风俗画卷，彰显出以"三把刀"为代表的扬州生活文化热烈亲和的市井情调。

　　（3）"花局里"之"里"　中国古代将人们聚居的地方叫作里，所谓"百家为里"，扬州自古繁华，人烟兴旺，房舍密集，将城市道路挤成一条条细长弯曲的小巷。

（a）　　　　　　　　　　　　　　（b）

■ 图2-15　东门出口即到花局里

（a）　　　　　　　　　　　　　　（b）

■ 图2-16　吃住商业街

（a）　　　　　　　　　　　　　　　　（b）

■图2-17　戏台、过街廊

三、东莞可园周围景观图解

1.可园博物馆

　　可园博物馆是可园传统文化区的重要组成部分，有大小展厅六个，集收藏保护、陈列展览、学术研究、艺术交流、文化休闲等功能于一体，同时也是一座既具有东莞文化特色、又富有现代气息的公益性文化设施。结合可园深厚的历史文化底蕴和岭南园林与建筑的特点，主要展示岭南传统园林与建筑的特点、可园创建人张敬修的生平及艺术造诣、"居派"创始人居巢、居廉与可园的关系及"二居"在可园时的艺术成就的专题性博物馆。见图2-18～图2-21。

（a）　　　　　　　　　　　　　　　　（b）

■图2-18　可湖美景

■图2-19　可湖畔的可园博物馆

■ 图2-20　主次入口景观

■ 图2-21　馆内外喷泉景观

2.岭南画院

　　岭南画院是可园文化园区挖掘、放大可园作为岭南画派重要策源地和岭南建筑瑰宝两大历史文化资源的主体设施和单位，坐落于东莞市莞城可园北侧的东江之滨，环境优美、设施齐全，占地面积20978m²，建筑面积17696m²。由岭南画院、岭南美术馆、岭南画家村三大建筑组成。见图2-22~图2-25。

■ 图2-22　岭南画院

■ 图2-23　岭南美术馆

■图2-24　岭南画家村

■图2-25　假山瀑布、溪流景观

3.博雅斋艺术中心

博雅斋艺术中心位于可园路与万江桥交会处（可园路10号），毗邻可园，莞城美术馆近在咫尺，地理位置得天独厚。拥有各类专业展馆、经营场馆共117间，是东莞市目前最大的古玩艺术品市场之一。见图2-26、图2-27。

■图2-26　博雅斋（文化市场）

■图2-27　文化景墙

四、上海豫园园外景观图解

1.荷花池景观

（1）九曲桥（图2-28、图2-29） 九曲十八弯，且每个弯曲的角度大小不一，有大于90°角的，也有小于90°角的。九曲桥如今的桥面为花岗石板，每一弯曲处一块石板上均雕刻一朵季节性花朵，如正月水仙、二月杏花、三月桃花……直到十二月蜡梅；在九曲桥头尾的两块石板上各雕刻一朵荷花。在湖心亭茶楼门前的一段桥面，中间雕刻一朵荷花，四角则分别雕刻彩云。池中汉白玉的荷花仙女雕塑亭亭玉立，含笑迎候来客。

■图2-28 九曲桥围栏、桥面浮云

■图2-29 九曲桥季节花朵

（2）湖心亭（图2-30） 是上海现存最古老的茶楼，原系明代嘉靖年间由四川布政司潘允端所构筑，属豫园内景之一，名曰凫佚亭。清乾隆四十九年（1784年），布业商人祝韬辉、张辅臣等集资在凫佚亭旧址上改建成湖心亭，作为布商行人聚会议事之场所。清咸丰五年（1855年）起开设茶楼，初名也是轩，续改为宛在轩，现仍恢复湖心亭旧名。这是座200多年前的古建筑，楼内两层楼面，装饰得古色古香，红木桌椅，壁陈字画，宫灯高悬，铜盂低置，环境极为幽雅。整个建筑的外表更是飞檐翘角、玄瓦朱窗，巍然屹立于九曲桥池中央。湖心亭茶楼不仅是豫园商城的标志，也是老上海的标志。

■图2-30 湖心亭

（3）荷花池

见图2-31~图2-34。

■图2-31　荷花池整体

■图2-32　喷泉景观

■图2-33　池中雕塑

■图2-34　池岸绿化

2.荷花池周围经营性景观

见图2-35~图2-38。

■图2-35 挹秀楼、九狮楼

■图2-36 绿波廊

■图2-37 购物廊

■图2-38 购物中心

五、成都武侯祠园外锦里民俗风情景观图解

　　锦里由成都武侯祠博物馆恢复修建，作为武侯祠（三国历史遗迹区、锦里民俗区、西区）的一部分，街道全长550m。现为成都市著名步行商业街，为清末民初建筑风格的仿古建筑，以三国文化和四川传统民俗文化为主要内容。如果说武侯祠饱含着历史的凝重和沧桑，那么锦里就洋溢着成都市井特有的喧嚣和随意。在这条不足400m长的老街上，集中了近百家的各色店铺，有传统的饮食、小吃和客栈，也有时尚的商店和酒吧。古街布局严谨有序，酒吧娱乐区、四川餐饮名小吃区、府第客栈区、特色旅游工艺品展销区错落有致。总之，锦里是体验成都特有民俗风情的好去处。

1.建筑与小品景观

　　见图2-39~图2-46。

■图2-39　入口与牌坊

■图2-40　古宅门头

■图2-41　楼顶景观

■ 图2-42　廊桥、树桥

■ 图2-43　滴水、瀑布

■ 图2-44　街边溪流

■ 图2-45　池边建楼

■ 图2-46　树池

2.民俗风情景观

见图2-47~图2-50。

■ 图2-47 戏台景观

■ 图2-48 茶馆、变脸演出

■ 图2-49 小吃购物街

■ 图2-50 民俗记忆墙、人体雕塑

第二节　园外步行街景观图解

一、北京颐和园苏州街景观图解

苏州街，地处颐和园的后湖，以松林出径、小桥流水取胜，是一个仿江南水镇而建的买卖街。清漪园时期岸上有各式店铺，如玉器古玩店、绸缎店、点心铺、茶楼、首饰楼等。店铺中的店员都是由太监、宫女装扮，皇帝游幸时开始"营业"煞有介事地进行交易，以博得帝后的欢心。后湖岸边的数十处店铺于1860年被列强焚毁。现在的景观为1986年重修。苏州街既是一处历史人文景观，又是一处独特的自然景观，列于宫苑之中，小巧玲珑，依山面水，宛如江南图画点缀在后山后湖的建筑轴线上，更加衬托了后湖的宁静典雅，把城市山林集中形象地再现出来。苏州街无论是水中还是水边的建筑，皆与万寿山上景观呼应，整体布局，造景有序。

1.整体观赏苏州街

见图2-51、图2-52。

■图2-51　三孔拱桥将苏州街分为东西两部分，可站在桥上整体观赏苏州街

■图2-52　西部狭长幽深、东部宽敞（池中设岛）

2.中轴线水系及其园桥景观

见图2-53~图2-55。

■图2-53　吊桥入口

■图2-54 木板桥、石拱桥与池中岛相连

■图2-55 上行石拱桥可观赏，下行木平桥可贯通

3.两岸店铺景观

见图2-56~图2-59。

■图2-56 茶馆、会倦居

■图2-57 瓷器店、细香铺

■图2-58　平面（块石驳岸）极尽曲折、立面（林立店铺）高低错落

■图2-59　假山台基、树下平台，以求变化、自然和谐

二、岭南印象园练溪大街景观图解

　　岭南印象园位于广州大学城（小谷围岛）南部，原练溪村的区域内，是集观光、休闲、娱乐、餐饮、购物、体验岭南乡土风情和岭南民俗文化于一体的旅游景区。岭南印象园中富有特色的街巷、宗祠、民居和店铺等，充分展现了岭南传统文化的精华。除了建筑特色传统工艺、市井风情和人文环境外，推出的大型原生态歌舞集"印象岭南"里囊括了舞狮舞龙、菠萝鸡鸣、赛龙夺锦、祭华光帝、抢包山等传统岭南文化项目，让人们从节目中感受岭南文化的独特魅力，演绎和诠释岭南文化的精髓，让欢乐祥和伴随大家左右。

1.岭南建筑景观

　　见图2-60～图2-63。

■图2-60　练溪大街出入口景观

■ 图2-61　岭南民居

■ 图2-62　喜粤堂、绝技堂

■ 图2-63　酒坊、练溪戏台

2.水系景观

见图2-64～图2-66。

■ 图2-64　假山瀑布（源头）、溪流水渠（发展）

■ 图2-65 溪流曲折变化（转折）

■ 图2-66 水上戏台（高潮）、溪畔人家（压阵）

3.岭南节庆

见图2-67～图2-69。

■ 图2-67 祭华光帝、菠萝鸡鸣

■ 图2-68 舞狮舞龙、赛龙夺锦

■ 图2-69 抢包山、打沙包

三、成都宽窄巷子景观图解

宽窄巷子位于成都下同仁路和长顺中街之间，由三条平行排列的老式街道及四合院落群组成。大街（宽巷子）当时居住满族文武官员，小胡同（窄巷子）当时则住满族士兵，等级森严，汉人严禁入内，两巷平行相邻，是清朝遗留下来的保存较为完整的古街道。

1.入口景观

见图2-70~图2-73。

■ 图2-70 景墙标志

■ 图2-71 简介牌

■ 图2-72 跌水、宣传牌

■ 图2-73 引导宣传标志

2.宽巷子景观

宽巷子代表了最成都、最市井的民间文化，如原住民、龙堂客栈、精美的门头、梧桐树、街檐下的老茶馆等。宽巷子中，最值得一提的是老成都原真生活体验馆，它展示民国时期一户普通成都人家一天的生活场景，用一个院落复原这个家庭的厨房、书房、堂屋、新房等，向参观者呈现老成都的生活状态。还可以在里面听几十年前的老成都人摆龙门阵，看成都女孩绣蜀锦，晚上看皮影、看木偶戏、即兴写书法等。见图2-74~图2-77。

■图2-74 宽巷子标志及全貌

■图2-75 川西民居

■图2-76 地雕、锦华馆

■图2-77 茶马小吃

3.窄巷子景观

窄巷子在清朝的地图上的名字叫太平胡同。清兵的进驻给了战乱中的成都人希望，胡同的命名也代表着人们对生活的美好希望。见图2-78~图2-82。

■图2-78　公馆菜、会馆

■图2-79　琉璃会

■图2-80　院落景观处理

■图2-81　景墙细节处理

■图2-82 镶嵌式景窗处理、凹入式拴马桩

4.宽窄巷子关系

见图2-83、图2-84。

■图2-83 宽窄光影

■图2-84 雨窄云宽

四、武汉东湖楚市景观图解

楚市是楚人文化交流、商品交换的场所。楚市长约200m,街市错落,黄墙黑瓦,红漆门柱,青石小道吊脚楼,一派楚地风貌。楚市的装饰处理,多采用黑、红、黄三种色调。楚市牌坊为一座仿古石雕牌楼。"楚市"二字系直接摹自楚简。从林从足,独具楚韵。楚市现有30多个铺面,以经营仿楚特色工艺品为主,有编钟、漆器、奇石、刺绣等工艺品,还有仿荆楚特色照相,供应具有荆楚特色的食宴。见图2-85~图2-92。

■图2-85　穿过牌坊、园桥进楚市

■图2-86　入口吊脚楼

■图2-87　上下左右、错落有致

■图2-88　空间开合、变化有序

■图2-89　兵器馆、射击馆

■ 图2-90 上有过街楼，下面利用大树

■ 图2-91 祈福井、戏台

■ 图2-92 出口树木与台阶景观

五、泰山天街景观图解

天街是指泰山南天门向东到碧霞祠一段街道。南天门向北的一段路，约有100m，称为北天街，岱顶天街，商铺林立，亦市亦街，形成了特有的风俗。见图2-93～图2-100。

■ 图2-93 天街以台阶、牌坊门开始

■ 图2-94　山顶上的天街

■ 图2-95　悬崖边的天街

■ 图2-96　天街宾馆

■ 图2-97　茶馆、小吃

■图2-98 天然石阵

（a） （b）

■图2-99 天街回头望

（a） （b）

■图2-100 天街以四角亭结束

六、西安大唐通易坊景观图解

大唐通易坊位于西安市城南，大雁塔西侧，是一条仿古建筑街，并集休闲、娱乐、商贸、餐饮为一体，是曲江新区的景点之一。大唐通易坊街长327m，街宽60m，总建筑面积约12000m²。所谓"通"者，往来交接；"易"者，互通有无；"坊"延用唐代里坊之称。通易坊则喻为往来交接便利、互通交易热闹的商业街市。整街建筑都为仿唐式文化庭院，设计精美，层次感强，既突出建筑的整体特色，又显单户个性，将西安的新风尚、新时尚与唐风古建的元素符号完美的结合在一起。

1.表征标志景观

见图2-101~图2-105。

■ 图2-101　入口标志景观

■ 图2-102　牌坊门景观

■ 图2-103　景廊

■ 图2-104　铺地景观

（a）　　　　　　　　　　　　　（b）

■图2-105　景墙标志

2.主体经营景观

见图2-106~图2-110。

（a）　　　　　　　　　　　　　（b）

■图2-106　曲江茗筑（接待中心）

（a）　　　　　　　　　　　　　（b）

■图2-107　青都里、韩国料理

（a）　　　　　　　　　　　　　（b）

■图2-108　船长酒吧、南洋餐厅

■ 图2-109 雪域风情

（a）　　　　　　　　（b）

■ 图2-110 盛唐陶坊

第三节　园外广场景观图解

一、北京天安门广场景观图解

　　天安门广场，是北京的心脏地带，是世界上最大的城市中心广场。它占地44hm²，东西宽500m，南北长880m，地面全部由经过特殊工艺技术处理的浅色花岗岩条石铺成。每天清晨的升旗和每天日落时分的降旗是最庄严的仪式，看着朝霞辉映中鲜艳的五星红旗，心中升腾的是激昂与感动。天安门城楼坐落在广场的北端。城门五阙，重楼九楹，通高33.7m。在2000余平方米雕刻精美的汉白玉须弥基座上，是高10余米的红白墩台，墩台上是金碧辉煌的天安门城楼。城楼下是碧波粼粼的金水河，河上有5座雕琢精美的汉白玉金水桥。城楼前两对雄健的石狮和挺秀的华表巧妙地相配合，使天安门成为一座完美的建筑艺术杰作。见图2-111~图2-116。

■ 图2-111 天安门广场人民英雄纪念碑、玉兰广场灯

■ 图2-112 毛主席纪念堂、人民大会堂松柏景观

■ 图2-113 中国结大红灯笼

■图2-114　国庆美化景观

■图2-115　天安门城楼

■图2-116　天安门城楼绿化美化景观

二、西安大雁塔北广场景观图解

大雁塔北广场位于大雁塔脚下，东西宽480m、南北长350m，占地16.8hm²，以大雁塔为南北中心轴。整个广场由水景喷泉、文化广场、园林景观、文化长廊和旅游商贸设施等组成。以大雁塔为中心轴三等分，中央为主景水道，左右两侧分置"唐诗园林区""法相花坛区""禅修林树区"等景观，广场南端设置"水景落瀑""主题水景""观景平台"等景观。音乐喷泉位于广场中轴线上，南北最长约350m，东西最宽处110m，分为百米瀑布水池、八级跌水池及前端音乐水池三个区域，表演时喷泉样式多变，夜晚在灯光的映照下更显多姿。围绕喷泉有还不少细致的小景观，如北广场入口处的大唐盛世书卷铜雕，其后的万佛灯塔和大唐文化柱，旁边的大唐精英人物雕塑花坊组群，还有地面铺装的书画浮雕，具有中国美术特色的"诗书画印"雕塑等，甚至灯箱、石栏等建筑上都题有著名诗篇。

1.水景中轴线景观

见图2-117~图2-122。

■图2-117　万佛灯塔、大唐文化柱

（a）

（b）

■图2-118　大唐盛世书卷铜雕、旱喷地面景观

■ 图2-119　音乐喷泉

■ 图2-120　喷泉夜景

■ 图2-121　立面主题浮雕

■ 图2-122　广场文化灯

2.两侧对称轴线景观

见图2-123~图2-126。

■ 图2-123　银杏树阵与花坛雕塑交叉布置

■ 图2-124　银杏树阵下的地面浮雕与书法

■ 图2-125　花坛式主题雕塑景观

■ 图2-126　大唐精英人物雕塑群

3.边侧对称景观

见图2-127~图2-129。

■图2-127　白皮松阵与涌泉主题雕塑交叉布设

■图2-128　涌泉主题雕塑四角绿化景观

■图2-129　诗书画印雕塑景观

三、成都天府广场景观图解

天府广场位于成都市中心，面积为88368m²。包括太阳神鸟、拥有两个鱼眼龙腾喷泉的太极云图、黄龙水瀑、12根图腾柱、12座意境雕塑、2处音乐喷泉、下沉广场艺术装饰等七大部分。广场以"水"为主题，被一个太极八卦云图中部的曲线分为两部分。东广场为下沉式，西广场则凸现了喷泉景观，中间是巨大的金沙遗址太阳神鸟主造型。广场四周环立的十二根文化图腾灯柱，主体采用金沙遗址出土的内圆外方形玉琮为主造型元素，展示了蜀文化十二体系。整个广场的地面、灯具、园林小品、地铁出入口都被统一打造。广场南侧的两块乌木立牌年龄均在5500年左右，其底座为金丝楠乌木，牌匾则是红椿木乌木。这两块立牌的乌木，分别镌刻了《成都颂》《天府广场记》和广场旅游导向图。南侧地铁出入口被设计为"天书地画"，顶棚为天书；铺在地面上的浮雕为地画。景观的每一部分均融入了金沙、三星堆等古蜀文化或四川自然风光元素，细节和灯光效果处理得极好，寓意天地人的自然和谐，体现出浓郁的"巴蜀"味道。东西广场的雕塑太极鱼眼，遥相呼应。见图2-130、图2-131。

■ 图2-130　天府广场平面图、科技馆前毛泽东雕像

■ 图2-131　天府广场景观全貌

1.水景主题雕塑

见图2-132~图2-134。

■ 图2-132　太阳神鸟主题造型

■ 图2-133　黄龙水瀑、下沉广场

■ 图2-134　音乐喷泉

2.特色景观小品

见图2-135~图2-140。

■ 图2-135　乌木标志牌、成都赋

■ 图2-136　天书地画

■ 图2-137　浮雕地画

■ 图2-138　图腾柱、意境雕塑、广场灯

■ 图2-139　围栏、花钵

■ 图2-140　园凳

3.绿化美化景观

见图2-141~图2-143。

■图2-141　草坪绿地

■图2-142　季节花卉摆放

■图2-143　立体主题花坛现场制作

四、陕西省咸阳市统一广场景观图解

陕西省咸阳市统一广场位于咸阳市商业中心区乐育路南端,北接渭阳路,南至湖滨亲水平台,是咸阳湖景区主入口,总占地面积约5hm²。广场由地上铺装、主题雕塑、大型喷泉及地下一层建筑物组成,统一广场的布景点缀要把现代城市气息和悠久历史文化内涵有机结合,凸显大气,彰显特色。统一广场是咸阳湖景观规划区内"盛秦园"的主景区和主入口,从北往南按照景观序列分三部分,河堤以北为"帝都龙韵",主要由8根12m高的龙柱、14m高的秦始皇雕塑等组成,反映咸阳作为中国第一个封建王朝的建都地,用"九"来寓意圆满、统一和盛秦时的丰功伟绩;河堤以南至滩面平台,主要由秦朝时统一的齐、楚、燕、韩、赵、魏、秦七个国家的版图来构成"版图广场";滩面平台至亲水平台主要采用秦瓦当夔纹半圆形图案来构成,整个广场以秦文化为主线,反映秦横扫六国统一国家的重大历史事件。见图2-144。

■ 图2-144　统一广场平面图、入口色带拼图景观

1.帝都龙韵

见图2-145～图2-147。

■ 图2-145　左右两侧八根龙柱

■ 图2-146　秦始皇雕塑

■ 图2-147　秦始皇丰功伟绩浮雕

2.版图广场

见图2-148~图2-150。

■图2-148　大秦帝国版图

■图2-149　横扫六国

■图2-150　寻找六国方位

3.半圆广场

见图2-151、图2-152。

■图2-151　秦瓦当夔纹半圆形图案

（a）　（b）

■图2-152　菊花摆放

五、天津海河音乐广场景观图解

　　海河音乐广场位于天津海河东路金汤桥至北安桥之间，比邻意式风情区，与和平路金街、古文化街隔河相望。沿街设置就餐桌椅和遮阳伞，夜晚配合岸边灯光，形成夜市商业步行街。步行街中部的海河上停放着一艘游船。游船共两层，一层为包间和散座，二层为VIP蓬房和散座，约400m²，能同时容纳200人进餐休闲娱乐和观景。二层中央放置LED大屏幕，播放文艺节目，设置文艺演出大舞台，配合布景和灯光，烘托出海河夜晚美景。游船以"波罗的海"原装进口啤酒为主打品牌，数十种规格满足不同人群需求，同时提供天津特色小吃，以及烧烤、蒸饺、凉菜、酱货等佐餐食品。每天晚上文艺演出时段，乐队、歌手现场表演，市民游客可以在游览船或步行街上欣赏歌曲、观看演出、畅饮啤酒、品尝小吃，充分展现出特色夜市文化。不仅为游客提供了晚间休闲、聚会、娱乐的场所，更为中外旅游客人搭建了"身临意奥风情，体验海河美景"的平台。

1.海河音乐广场

　　见图2-153~图2-157。

■图2-153　海河音乐广场景观全貌

■图2-154　主题雕塑与绿化景观（前景）

■图2-155　欧式喷泉（中景）、欧式凉亭（后景）

■图2-156　音乐人主题雕塑（两侧主景）

（a）　　　　　　　　（b）

■图2-157　音乐树池景观

2.海河与北安桥景观

见图2-158~图2-161。

■图2-158　海河游船码头

■图2-159　北安桥

■ 图2-160　欧式景观柱

■ 图2-161　音乐雕塑

六、哈尔滨黑龙主题雕塑广场景观图解

　　黑龙主题雕塑广场位于哈尔滨市南岗区东大直街与一曼街交汇处的三角地，采用台地式造园手法，自东向西形成多个层次的景观。景观广场入口处栽植了3株造型各异的迎客松，松下设置一块刻有"黑龙"字样的龙石，引出铸铜材质的巨幅黑龙江地形图，周边设有8只吐水金

蟾，地下形成喷泉蓄水池。锻铜材质的"黑龙"主题雕塑，塑造出龙头带动龙身破土而出的造型，龙头朝向东方，象征着龙江腾飞、昂扬向上的寓意。龙头设计成为龙喷泉，龙口吐水浇灌下方的铸铜黑龙江地形图。"黑龙"主题雕塑广场采用了特殊的铺装方式，依据黑龙广场的特点现场制作的龙鳞型彩色石，属全国首创。两侧设有12根汉白玉雕刻云纹柱，每根柱上各镂空雕刻一个云纹球，内设灯饰，给人以精美、通透之感。整个广场大气磅礴、主题突出、特色鲜明，呈现出集雕塑、雕刻、园艺、喷泉、灯饰于一体的多重景观效果。

1.入口景观广场

见图2-162~图2-164。

■图2-162　龙石标志、三角绿地（迎客松）

■图2-163　吐水金蟾旱喷泉

■图2-164　黑龙江地图、龙头喷泉

2.主题雕塑广场

见图2-165~图2-168。

■ 图2-165 黑龙主题雕塑

（a） （b）

■ 图2-166 龙头（抬头）、龙背（挺胸）

（a） （b）

■ 图2-167 龙腹（破土）、龙尾（依靠黑土地）

（a） （b）

■ 图2-168 云纹景观柱、龙鳞铺地

3.中华鼓广场

见图2-169~图2-171。

■ 图2-169　龙尾敲响中华鼓

■ 图2-170　红彤彤的中华鼓、对称式红景廊

■ 图2-171　绿地、云纹铺地

第三章
漫步历史名人园景观图解

■ 第一节 帝王乐园与领袖故居景观图解

一、咸阳秦阿房宫复原景观图解

秦阿房宫是在阿房宫遗址上兴建的，总占地面积780亩，艺术地再现了阿房宫前殿、兰池宫、长廊、卧桥、磁石门、上天台、祭地坛等众多建筑，气势恢宏，雄伟壮观。见图3-1~图3-12。

■ 图3-1 大宫门、漆河

■ 图3-2 阿房宫赋、西市

■ 图3-3　磁石门、飞虹廊

■ 图3-4　复廊、角楼

■ 图3-5　复廊壁画

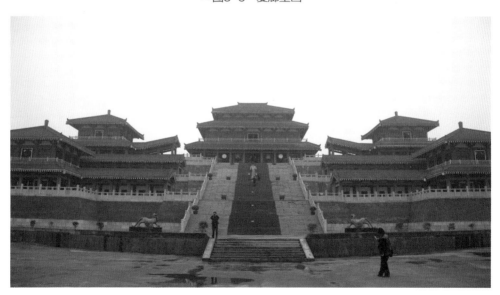

■ 图3-6　阿房宫前殿

■ 图3-7　前殿局部

■ 图3-8　秦始皇雕像

■ 图3-9　万人演义广场（十二铜人）

■ 图3-10　雄狮、战鼓

■ 图3-11　上天台、祭地坛

■ 图3-12 兰池宫

二、临潼华清池景观图解

华清池亦名华清宫，位于临潼县南门外骊山北麓，旖旎秀美的山水风光，自然造化的山地温泉，让周、秦、汉、隋、唐历代帝王皆在此营建离宫别苑，享受天然的旖旎风情。发生在华清池景区最著名的事件是一千多年以前唐玄宗与杨贵妃的爱情故事和20世纪30年代震惊中外的"西安事变"。

1.九龙湖

九龙湖是1959年修建的人工湖，面积约5300m^2，九龙桥将湖面分为上、下两湖，上湖建有现代喷泉设施，下湖有龙船。湖东岸模拟布成石堤，山石横卧，"风景这边独好""龙湖镜天""华清胜地"等题字雕刻在自然山石上。环湖建有龙石舫、九曲回廊、沉香殿、飞霜殿、宜春阁、宜春殿、龙吟榭、晨旭亭、晚霞亭等仿唐宫殿和亭阁。以红色为主调，配以青松翠柏，垂柳草坪等绿色植物，令人赏心悦目。碧波粼粼的九龙湖宛如瑶池仙境，沿湖四周殿宇对称，廊庑逶迤，龙桥横亘，柳荫匝岸。龙舟有轻曳欲动之势，亭台有相映和谐之趣，见图3-13~图3-17。

■ 图3-13 华清宫照壁、飞霜殿

■ 图3-14 九龙湖及其演义台

■ 图3-15 一桥（九龙桥）挑双亭（晨旭亭、晚霞亭），龙吟榭

■ 图3-16 龙石舫、宜春阁

■ 图3-17 回廊、长恨歌

2. 环园（五间厅）

见图3-18~图3-25。

在华清池园内众多仿古建筑物中，有一座砖木结构的厅房，南依骊山，北至荷花池，庭院平坦，树木葱郁，因由五个单间厅房相连名五间厅。五间厅是古环园中的主要建筑物，合抱粗的赤色大柱高擎于厅的前廊檐，气宇轩昂，与周围的三间厅、望河亭、飞虹桥、飞霞阁相映成趣。

■ 图3-18 环园入口（望湖楼）

■ 图3-19　莲花池、荷花阁

■ 图3-20　阿房台、飞霞阁

■ 图3-21　背山面水的五间厅

■ 图3-22　五间厅、桐荫轩

（a）　　　（b）

■ 图3-23　飞虹桥

（a）　　　（b）

■ 图3-24　一桥（飞虹桥）挑双亭（望河亭、下棋亭）

■ 图3-25　随形就势的台阶

3.芙蓉湖(图3-26~图3-29)

进入21世纪，华清宫揭开了新的发展篇章。2005年华清池向西扩展了近3万平方米，建成了芙蓉湖风景区。该景区以芙蓉湖长生殿为主体，得宝楼、果老药堂、御茗轩、神女亭环绕四周。芙蓉湖蜿蜒流经遇仙桥与九龙湖相通，象征着一脉相承的唐华清宫文化。湖周围柳丝婆娑，芳草如茵，构成了华清宫文化的和谐之美。

■ 图3-26　望京门

■ 图3-27　芙蓉湖

■ 图3-28　长生殿

（a）　　　　　　　　　　（b）

■图3-29　神女亭

三、北京故宫御花园景观图解

故宫御花园是明代永乐十五年（1417年）始建，历时十八年建成，居于故宫中路北端，呈长方形，面积约18亩，名为"宫后苑"。园内建筑采取了中轴对称的布局。中路是一个以重檐盝顶、上安镏金宝瓶的钦安殿为主体建筑的院落。东西两路建筑基本对称，东路建筑有摛藻堂、浮碧亭、万春亭、绛雪轩；西路建筑有延辉阁、位育斋、澄瑞亭、千秋亭、养性斋，还有四神祠、井亭、鹿台等。建筑多倚围墙，只以少数精美造型的亭台立于园中，空间舒广。园内遍植古柏老槐，罗列奇石玉座、金麟铜像、盆花桩景，增添了园内景象的变化，丰富了园景的层次。御花园地面用各色卵石镶拼成福、禄、寿象征性图案，丰富多彩。著名的堆秀山是宫中重阳节登高的地方，叠石独特，磴道盘曲，下有石雕蟠龙喷水，上筑御景亭，可眺望四周景色。

1.中轴线景观

见图3-30~图3-32。

（a）　　　　　　　　　　　　　　　　（b）

■图3-30　景观中轴线、天一门

■图3-31 钦安殿（构图中心）

■图3-32 堆秀山及御景亭（制高点）

2.两侧对称景观

见图3-33~图3-37。

■图3-33 养性斋、绛雪轩

■ 图3-34 万春亭、千秋亭

■ 图3-35 澄瑞亭、浮碧亭

■ 图3-36 玉翠亭、凝香亭

■ 图3-37 "石子画"园路

四、北京恭王府花园景观图解

恭王府花园又名为"朗润园或萃锦园",位于北京什刹海西侧,前至后园,恭王府占地6万平方米,其中花园2.8万平方米,分为东中西三路。造园模仿皇宫内的宁寿宫。全园以"山"字型假山拱抱,东、南、西面均堆土累石为山,中路又以房山石堆砌洞壑,手法颇高。山顶邀月台,成为全园最高点。居高临下,可观全园景色。花园内古木参天,怪石林立,环山衔水,亭台楼榭,廊回路转。月色下的花园景致更是千变万化,别有一番洞天。由于恭王府府邸和花园设计富丽堂皇,斋室轩院曲折变幻,风景幽深秀丽,昔日有碧水潆洄并流经园内。

1.西路景观图解

见图3-38~图3-42。

西路以一个长方形大水池为主景,池中心有岛,岛上有水榭(钓鱼台)。池北岸有一卷棚顶的大厅,与水榭成轴线相对。

■ 图3-38　榆关

■ 图3-39　妙香亭

■ 图3-40　湖心亭及喷泉景观

■图3-41 凹式船桥、棣华轩

■图3-42 澄怀撷秀

2.中路景观图解

见图3-43~图3-48。

中路以一座西洋建筑风格的汉白玉拱形石门为入口，以康熙皇帝御书"福"字碑为中心，前有独乐峰、蝠池，后有绿天小隐、蝠厅。

■图3-43 西洋门

■ 图3-44 独乐峰、蝠池

■ 图3-45 安善堂、爬山廊

■ 图3-46 邀月台

■ 图3-47　邀月台蹬道、滴翠岩

■ 图3-48　蝠厅

3.东路景观图解

见图3-49~图3-53。

东路的大戏楼厅内装饰清新秀丽，缠枝藤萝紫花盛开，使人恍如在藤萝架下观戏。戏楼南端的明道斋与曲径通幽、垂青樾、吟香醉月、流杯亭等五景构成园中之园。

■ 图3-49　曲径通幽

■ 图3-50　洗秋（流杯）亭、艺蔬圃

■ 图3-51　牡丹园

■ 图3-52　听雨轩

■ 图3-53　串联院落的廊道景观

4.串联三园的龙脉景观

见图3-54~图3-57。

■ 图3-54 龙头、龙腹

■ 图3-55 龙背

■ 图3-56 龙鳞

■ 图3-57 龙尾、景观暗喻

五、韶山毛泽东故居与纪念堂景观图解

1.韶山毛泽东故居

见图3-58~图3-61。

毛泽东故居位于湖南省韶山市韶山村上屋场，坐落于茂林修竹、青翠欲滴的小山村中。故居为坐南朝北的"凹"字形农舍，土木结构，泥砖墙，小青瓦，一明二次二梢间，左右辅以厢房，进深两间，后有天井、杂屋等，现有房屋13间，为毛泽东的父亲毛顺生所建，是南方常见的农家住宅形制。

■ 图3-58　近水远山景观

■ 图3-59　背山面水的毛泽东故居（远景）

■ 图3-60　故居近景

■图3-61　故居内景

2.韶山毛泽东纪念堂

见图3-62~图3-66。

韶山毛泽东纪念堂为韶山毛泽东纪念园主体建筑，与故居遥相呼应。建筑采用传统庙堂式，白色粉墙，琉璃青瓦，既有高堂的雄伟又有韶山民居特征。纪念堂建筑群由入口前院，主体建筑和后山园林组成。入口前前院为瞻仰活动，集散休息处。主体建筑为前后厅与侧厅，走廊围成的内院式建筑，室内展览了毛泽东各时期生平简介，后厅内有毛泽东及六位亲人的汉白玉雕塑。

■图3-62　前院景观

■图3-63　主体建筑

■图3-64　内部雕塑景观

■ 图3-65 后院景观

■ 图3-66 纪念堂与故居遥相呼应

■ 第二节 忠臣良将名园景观图解

一、南阳武侯祠景观图解

南阳武侯祠又名"诸葛庐"，位于河南省南阳市西部卧龙岗上，是三国时期著名政治家、军事家诸葛亮"躬耕南阳"的故址和历代祭祀诸葛亮的地方。进入武侯祠山门，迎面看到的大拜殿，殿中彩塑诸葛亮及其儿子诸葛瞻、孙子诸葛尚的大型泥塑像。大殿前侧为明代碑廊，镶嵌有岳飞书写的前后《出师表》石刻。祠后部分建筑主要有诸葛茅庐、野云庵、古柏亭、伴月台、宁远楼等。诸葛草庐，亦称诸葛庵，现今的茅庐系砖木结构，八角挑檐，外围有八角回廊，屋顶覆盖茅草。茅庐正门上悬挂郭沫若书的"诸葛草庐"匾额。野云庵，进深三间，门两侧砖刻"云归大汉随舒卷，门对寒流自古今"对联。其外装饰以苍松、仙鹤砖雕。躬耕亭，结构简单，形制简陋，前有两根圆木支撑亭檐，后砌以砖墙，亭内立诸葛武侯石刻像，像两边刻有"庵垂两千问魏阙吴宫安在，人居三代下比商伊周品何如"的对联。伴月台，高数丈，台下为老龙洞，洞门两侧石刻"自古宇庙垂名布衣有几，能使山川生色陋室何妨"对联。武侯祠右侧有清同治年间新增设的庭院，这是为纪念刘备三顾茅庐而特意修建的。庭院后面建有三顾堂，内有刘备、诸葛亮大型塑像。南阳武侯祠在唐代已名扬天下。诗人刘禹锡在《陋室铭》中赞美"南阳诸葛庐，西蜀子云亭，孔子云：'何陋之有'。"胡鲁《南阳》云："孔明方此乐耕锄"。诗圣杜甫《武侯庙》云："犹闻辞后主，不复卧南阳"。诗仙李白《南都行》云："谁识卧龙客，长吟愁鬓斑"。

1.卧龙岗景观图解

见图3-67~图3-74。

■ 图3-67　入口牌坊（千古人龙）与大门景观

■ 图3-68　干道香炉、牌坊

■ 图3-69　照壁、置石

■ 图3-70　卧龙潭（龙头喷水）

■ 图3-71　卧龙潭堤岸景观

■ 图3-72　曲桥、拱桥

■ 图3-73　卧龙潭与卧龙岗遥相呼应

■ 图3-74　卧龙岗园路与龙形台阶

2.武侯祠景观图解

见图3-75~图3-83。

■ 图3-75　山门、牌坊

■ 图3-76　大拜殿及其殿前石碑

■ 图3-77　大拜殿内匾额

■ 图3-78　诸葛草庐

■ 图3-79　水池、小虹桥、石岗

■ 图3-80　野云庵

■ 图3-81　半月台、月池

■ 图3-82　清风楼（宁远楼）、古柏亭

■图3-83 关张殿、三顾堂

二、开封包公祠与灵石苑景观图解

　　开封包公祠是为纪念我国古代著名官员、政治改革家包拯而恢复重建的，是目前国内外规模最大、资料最全、影响最广的专业纪念包拯的场所。它坐落在七朝古都开封城内碧波荡漾、风景如画的包公湖西畔。自金、元以来，开封就建有包公祠，以纪念这位先贤。开封包公祠占地1hm²，是一组典型的仿宋风格的古典建筑群。它气势宏伟、风格凝重典雅。包公祠内分主展区、园容风景区、功能服务区。主展区内有大门、二门、照壁、碑亭、二殿、大殿、东西配殿。以文物、史料典籍、铜像、蜡像、模型、拓片、碑刻、画像，全面、详细地介绍了包公的生平历史，展示了包公的清正廉明。

1.主展区

　　见图3-84～图3-88。

■图3-84 大门、二门景观

■图3-85 照壁、二殿（峭直清廉）

■ 图3-86 大殿（清正廉明）

■ 图3-87 配殿（白简凝霜、铁面无私）

■ 图3-88 亭廊景观

2.园容风景区（灵石苑）

见图3-89～图3-94。

■ 图3-89 主入口迎面景观（喷泉、假山瀑布与百龙亭）

■ 图3-90 灵石苑（主题石阵，包公拜嫂）

■ 图3-91 汴岳假山瀑布、龙吟拱桥

■ 图3-92 鱼池与喷泉

■ 图3-93 包公湖畔鹤寿景观

（a）　　　　　　　　　　（b）

■图3-94　包公湖畔长寿龟、奋进牛与双鹿景观

三、汤阴岳飞庙景观图解

汤阴岳飞故里"宋岳忠武王庙"，原名精忠庙，位于河南省汤阴县城内西南街。始建时间无考，今址是明景泰元年（1450年）重建。历代曾多次作修葺、增建，至今占地6400m²左右，六进院落，房屋建筑100余间。其内涵丰富，殿堂雄伟，碑碣林立。庙坐北朝南，外廊呈长方形。临街大门为精忠坊，面西，是一座建造精美的木结构牌楼，斗拱型制九踩四昂重翘。坊之正中阳镌明孝宗朱祐樘赐额"宋岳忠武王庙"，两侧八字墙上用青石碣分别阳刻"忠""孝"两个大字。过精忠坊为山门，坐北朝南，三开间式建筑，两侧扇形壁镶嵌有滚龙戏水浮雕，门前一对石狮分踞左右。山门对面为施全祠，内塑施全铜像，前石阶下秦桧、王氏、万俟卨、张俊、王俊五奸党铁跪像呈镇压之势。拾级入庙，古柏苍劲，碑碣林立，东有肃瞻亭，西有觐光亭，仪门前两道高大的碑墙把这里辟作东西两个小院。院中各有亭子一座，东曰"肃瞻"，西曰"觐光"。在林立的碑刻中，有明清帝王谒庙诗篇，有名代重修扩建古庙胜迹的纪实，更多的是历代文人学士颂扬英雄的诗词歌赋。尚存近200块。穿过御碑亭，便是岳庙之主体建筑——正殿。该殿面阔五间18.30m。进深三间11.60m，斗拱型制为五踩重翘重昂，硬山式建筑，高10m。体态稳重，气势恢宏。殿门楣上悬有五块巨匾，分别是"乃武乃文""故乡俎豆""忠灵示泯""百战精威""乾坤正气"。其中"百战神威"和"忠灵未泯"为清光绪帝和慈禧太后所题。正殿中央为岳飞彩塑坐像，高丈余，英武魁伟，正气凛凛。上悬"还我河山"贴金巨匾。四周墙上，悬挂着国内现代著名书画家颂扬岳飞的书画墨宝。大殿两侧的东西庑中，为岳飞史迹陈列室。大殿后院，是寝殿、岳云祠、四子祠、岳珂祠、孝娥祠、三代祠等。寝殿上方悬有现代著名书法家商向前、沈鹏等题写的匾额和魏传统等的楹联，内陈列着著名的书法珍品《出师表》石刻，有刻石140余方。

1.庙外景观

见图3-95、图3-96。

（a）　　　　　　　　　　（b）

■图3-95　入口前广场、停车场

（a） （b）

■图3-96 庙外商业街

2.宋岳忠武王庙（西院落）主要建筑景观

见图3-97~图3-104。

■图3-97 入口牌坊（精忠坊）

（a） （b）

■图3-98 施全祠、山门

■ 图3-99　石碑景墙、肃瞻亭

■ 图3-100　仪门

■ 图3-101　御碑亭

■ 图3-102　主殿及岳飞塑像

■ 图3-103　二殿

■ 图3-104　孝娥祠

3.东院落景观

见图3-105~图3-108。

■ 图3-105　前部院落与碑廊景观

■ 图3-106　陈列馆景观

■ 图3-107　中部院落竹林与碑廊景观

■ 图3-108　后部院落（三代祠）

四、荆州张居正故居景观图解

张居正改革是在明代中叶以来社会危机日益严重的情况下实行的政治变革。在张居正秉政期间，对明王朝的政治、经济、军事等进行了多方面的改革，整顿了吏治，巩固了边防，国家财政收入也有明显的好转。据记载，万历初年国泰民安，国力臻于极盛。从这些方面来看，张居正改革确实取得了重大的成就。因此，他被明代著名思想家、文学家李贽誉为"宰相之杰"。总之，张居正以超人的胆识，尽量利用了历史舞台所能给他提供的条件，去大刀阔斧地进行改革活动，并取得了比商鞅、王安石变法所取得的更大的成果，其中有若干历史经验值得后人汲取。张居正故居荆州古城东门内，这条街道也命名为张居正街。原名为"张大学士府"，1572年张居正尊藏万历皇帝褒奖他的手书而兴建，由于历史原因，其故居毁于战乱。为了给后人提供缅怀、纪念张居正的场所，2007年荆州市重建张居正故居，并以其原有建筑景观布局。张居正故居占地面积6900m²，总建筑面积2340m²。建有大学士府、纯忠堂、捧日楼、文昌阁、神龟池及张文忠祠等。院子不大，南北向，前后四重院落，东房西园，主体建筑中轴对称、高低错落、布局严整，小桥流水、亭台楼阁、假山翠竹、灵动雅致。

1.东房主要建筑景观

见图3-109~图3-115。

■ 图3-109 北门及照壁景观

■ 图3-110 南门及照壁景观

■ 图3-111 对称式庭院景观、张居正雕像

■ 图3-112　张文忠公祠、纯忠堂

■ 图3-113　陈列室、捧日楼

■ 图3-114　墙角假山、墙基花坛

■ 图3-115　文昌阁、神龟池

2.西园（乐志园）景观图解

见图3-116~图3-121。

■图3-116　进出口景观

■图3-117　曲桥、拱桥

■图3-118　茶壶喷水、水车景观

■图3-119　休憩平台

■ 图3-120 假山洞穴

■ 图3-121 石碑围墙

五、沈阳张氏帅府花园景观图解

张氏帅府位于沈阳市沈河区朝阳街少帅府巷46号，地处清代沈阳故宫南侧，为一方形大院，是奉系军阀首领、东北军统帅张作霖及其长子张学良将军的官邸和私宅。见图3-122。

图3-122 帅府花园（大青楼与小青楼）

1.大青楼及其假山景观

见图3-123~图3-128。

大青楼是张氏帅府的标志性建筑，建于1918~1922年，为仿罗马式建筑，因该楼采用青砖建造，故称大青楼。大青楼总建筑面积2460m²，楼高37m，是当时奉天城的最高点之一。整体建筑富丽堂皇，外部立体浮雕造型生动、工艺精湛，内部主要房间的壁画装饰技艺独特，具有较高的艺术价值。大青楼堪称民国时期东北建筑的经典之作。大青楼融办公与居住为一体，作为张作霖、张学良父子两代主政东北时期的重要办公场所，曾历经两次直奉大战，东北易帜，武装调停中原大战等重大历史事件，蕴藏着丰富的历史内涵，是东北近现代历史的见证和缩影。

■ 图3-123　大青楼

■ 图3-124　假山入口景观

■ 图3-125　假山洞穴

■ 图3-126 假山蹬道、圆形花坛

■ 图3-127 土石假山景观

■ 图3-128 园桌园凳

2.小青楼与帅府花园景观

见图3-129~图3-133。

小青楼位于张氏帅府的东院，由于地处帅府花园的中心，又有"园中花厅"的美誉，是一座中西合璧式的二层砖木结构小楼，建成于1918年，因其采用青砖青瓦建筑而成，俗称小青楼。它是张作霖为他最宠爱的五夫人寿氏专门修建的。小青楼建筑面积450m²，小巧精美、造型独特，整座楼体呈凹字形，中间为两层高门楼，二楼有外廊式阳台，其正面朱漆廊柱、雕梁画栋、彩绘雀替，体现出传统的中国建筑风格，小青楼枭混线条的雕饰、窗口饰以镇石、楼后顶部砌有环形女儿墙等手法则是典型的西洋风格。

■图3-129　小青楼正面景观

（a）

（b）

■图3-130　小青楼侧面、背面景观

（a）

（b）

■图3-131　花园出入口与福字照壁

■图3-132　墙前假山

■ 图3-133　青砖园路与绿化景观

第三节　民族精英与文人名园景观图解

一、武汉东湖屈原纪念馆景观图解

　　屈原（公元前340~公元前278），是中国最早的浪漫主义诗人，是楚武王熊通之子屈瑕的后代，中国文学史上第一位留下姓名的伟大的爱国诗人。他的出现，标志着中国诗歌进入了一个由集体歌唱到个人独唱的新时代。屈原纪念馆是一组纪念楚国爱国主义诗人屈原的仿古形式建筑。屈原的成就不仅在于他对楚国社会发展的贡献，而且他对中华民族文学史的发展做出了突出的贡献。在屈原的家乡秭归、流放时到过的地方东湖、投江自尽的汨罗相继兴建了屈原纪念馆。东湖屈原纪念馆设两层展室，陈列有关屈原的文献资料及后世对屈原的研究资料、书画艺术作品。屈原纪念馆馆名由已故原国家主席董必武同志题写。馆前立屈原半身塑像，屈原直视东方，双目忧虑。

1.行吟阁景观

　　见图3-134~图3-136。

■ 图3-134　东湖听涛景区

（a）

（b）

■图3-135　屈原雕像与简介牌

（a）

（b）

■图3-136　行吟阁及其楹联

2.屈原纪念馆景观

见图3-137~图3-140。

（a）

（b）

■图3-137　湖滨画廊（东湖引景）

（a）

（b）

■图3-138　屈原文化长廊（渐进发展）

■图3-139　屈原雕塑与纪念馆（主景、构图中心）

■图3-140　纪念馆内景（核心景观）

二、成都杜甫草堂景观图解

　　杜甫草堂坐落于成都市西郊浣花溪畔，占地244亩是中国唐代大诗人杜甫流寓成都时的故居。公元759年冬天，杜甫为避"安史之乱"，携家由陇右入蜀，营建茅屋而居，称"成都草堂"。杜甫先后在此居住近4年，创作诗歌流传至今的有240余首。草堂故居被视为中国文学史上的"圣地"。杜甫草堂完整保留着清嘉庆重建时的格局，是非常独特的"混合式"中国古典园林，一方面通过中轴线对称体现庄严肃穆之纪念性，另一方面以水系和空间变化表现布局之不拘一格。草堂内楠木参天，梅竹成林，溪水蜿蜒，桥亭相间，花径柴门，曲径通幽，园林格局典雅而幽美，春梅、夏荷、秋菊、冬兰四季芬芳。景区内植物多样，被誉为"成都市最后一片城市森林"，拥有桢楠、樟树、银杏、柏树、罗汉松、黄葛树、刺楸、无患子等古树名木，并主要以桢楠树为主。

1.茅屋故居景观

　　见图3-141~图3-145。

■图3-141　草廊与入口景观

■ 图3-142　草堂主屋

■ 图3-143　草堂北邻、茅屋为秋风所破歌

■ 图3-144　草堂茅草亭（标志景观）

■ 图3-145　溪畔茅屋（观鱼水榭）

2.主要纪念建筑景观

见图3-146~图3-150。

■ 图3-146　大廨、诗史堂

■ 图3-147　柴门、工部祠

■ 图3-148　水竹居、气香亭

■ 图3-149　草堂影壁、万佛楼

■ 图3-150　大雅堂、浣花深处

3.诗圣园景观

见图3-151~图3-156。

■ 图3-151　入口景观

■ 图3-152　诗圣堂、梅苑阁

■ 图3-153　路边置石、岸边置石

■图3-154 诗友桌登

■图3-155 园门、曲桥

■图3-156 扇面亭、花架

三、济南趵突泉公园李清照纪念馆景观图解

宋代女词人李清照,被誉为"词国皇后",曾"词压江南,文盖塞北"。她的文词绝妙,被尊为婉约宗主,是中华精神文明史上的一座丰碑。李清照纪念堂与易安旧居座落于漱玉泉畔,纪念堂于1959年修建,1999年进行了较大规模扩修建,现今面积达4000m² 左右,由仿宋代建筑门楼、亭、轩、曲廊等组成的一处女性化的园林庭院。歇山飞檐绮丽多姿,悬山抱厦丰富多变,曲廊凹凸有致,院落花木扶疏,飞亭叠瀑,展室内涵风格各异,从图、文、像、书、画等不同层面展示了一代词人的伟大成就与沧桑一生。

1.漱玉泉景观

见图3-157、图3-158。

■ 图3-157　漱玉泉

■ 图3-158　漱玉泉（引景、借景）

2.李清照纪念堂

见图3-159~图3-163。

■ 图3-159　主入口景观

■ 图3-160　漱玉堂、静治堂

■ 图3-161　溪亭、碑廊

■ 图3-162　花架、铺地

■ 图3-163　特置石、竹石景

3.易安旧居

见图3-164~图3-168。

■图3-164 进出口景观

■图3-165 有竹堂

■图3-166 竖置石、李清照雕像

■图3-167 易安旧居假山瀑布、淡月亭

■ 图3-168 清池、竹石

四、乌鲁木齐人民公园岚园景观图解

乌鲁木齐人民公园中建有阅微草堂，这是为纪念曾经被贬到迪化的清朝官员纪晓岚而建，后又专门扩建为岚园。总体以仿清建筑为主，搭配山水花草，将北方建筑的庄重雄伟与南方园林的巧宜灵雅有机结合。围绕原有的阅微草堂，根据地形地貌，随势赋形。在草堂南边偏东，参照北京四合院，修建了三个错落有致、形式不同的小院。力求与大环境融为一体，就打破常规，把四合院建成通透开放式的。院墙只有立柱和栏杆，没有墙壁。几处院落，独立成趣，又紧密相连，并随着地势高低，转折起伏。通过彼此之间的"门"，完成空间转换。飞檐斗拱，曲栏回廊。中间院落的东侧，伫立着一尊纪晓岚铜像。东、南、北三面有三段碑廊，刻有纪晓岚所作《乌鲁木齐杂诗》110首，为岚园中新景点，叫"诗韵疆城"。岚园南端东侧，有一座高耸的"文宗之塔"，是园中的最高点。小塔为青石质，玲珑剔透。塔的下半部有八面青石浮雕，分别是《幼志笃学》《科举入仕》《以文伴君》《谪边苦旅》《诗颂疆城》《四库领纂》《草堂志异》《文炳千秋》。展示了一代文宗的生平几个重要阶段和主要业绩。再往南行，就是以自然山水为主的"万水千山"庭院。妙泉飞瀑，花放水流。万水千山的中心是一湾湖水。周边是人造山石，外围与整个人民公园自然融合。湖上建有双亭、水榭、塑山和瀑布。

1.阅微草堂与四合院前庭景观

见图3-169~图3-174。

■ 图3-169 阅微草堂及其绿化景观

■ 图3-170　入口景观

■ 图3-171　前庭四合院与纪晓岚雕塑景观

■ 图3-172　韵通古今、诗韵疆域（碑廊）

■ 图3-173　错落赏诗台（前侧庭）

■ 图3-174　岚亭、景廊、庭院灯

2. "万水千山"庭院及后花园景观（图3-175~图3-181）

■ 图3-175　首府诗魂

■ 图3-176　庭院景观（纪氏文宗、万水千山）

■ 图3-177　文宗之塔

■图3-178　瑞杏轩及其亲水平台

■图3-179　后花园（水池、凉亭、假山、瀑布、曲桥）

■图3-180　水系缠绕庭院　　　　　　■图3-181　花园与庭院融为一体

五、绍兴鲁迅故里景观图解

　　位于浙江省绍兴市市区东昌坊的鲁迅故里，是一个独具江南风情的历史街区，可原汁原味地解读鲁迅作品，品味鲁迅笔下风物，感受鲁迅当年生活情境的真实场所。一条窄窄的青石板路两边，一溜儿粉墙黛瓦，游客中心，鲁迅祖居（周家老台门）、鲁迅故居（周家新台门）、鲁迅纪念馆、百草园、三味书屋、寿家台门、土谷祠，鲁迅笔下风情园、咸亨酒店穿插其间，一条小河从鲁迅故居门前流过，乌篷船在河上晃晃悠悠，此情此景让游人自然想起鲁迅作品中的一些场景。

1.鲁迅故里与纪念馆景观

　　见图3-182～图3-187。

■ 图3-182　鲁迅故里

■ 图3-183　景墙（民族脊梁）

■ 图3-184　小河与乌篷船，文化广场

■ 图3-185　咸亨酒店、孔乙己牌匾

■ 图3-186　鲁迅纪念馆

■ 图3-187　鲁迅与藤野先生

2.从百草园（朱家花园）到三味书屋景观

见图3-188～图3-193。

■ 图3-188　百草园

■ 图3-189　水井、听外婆讲故事塑像

■ 图3-190　大树、厅堂

■ 图3-191　假山景观

■ 图3-192　宛在水中央（水屋）

■ 图3-193　三味书屋

第四章
摇曳水上环视园林景观图解

第一节　带状水景景观图解

一、兰州黄河风情景观图解

　　兰州是万里黄河唯一穿城而过的城市，坐落于一条东西向延伸的狭长形谷地，夹于南北两山之间，黄河从市北的九州山脚下穿城而过。沿黄河南岸，开通了一条东西50km的滨河路，并打造了全国唯一的城市内黄河风情线，被称为兰州的"外滩"。黄河两岸相继建成观光长廊、"生命之源"水景雕塑、寓言城雕、黄河母亲雕塑、绿色希望雕塑、西游记雕塑、平沙落雁雕塑、近水广场、亲水平台、东湖音乐喷泉、黄河音乐喷泉、人与自然广场，以及龙源园、体育公园、春园、秋园、夏园、冬园、绿色公园和其他沿河景观。

1.黄河风光与桥梁景观

　　天下黄河第一桥——中山桥，兰州中山桥俗称"中山铁桥""黄河铁桥"，位于滨河路中段北侧，白塔山下、金城关前，建于1907年（清光绪三十三年），是兰州历史最悠久的古桥，也是5464km黄河上第一座真正意义上的桥梁，因而有"天下黄河第一桥"之称，见图4-1。

■ 图4-1　黄河巨龙

2.主题雕塑景观

（1）"黄河母亲"　位于兰州市黄河南岸的滨河路中段、小西湖公园北侧，是目前全国诸多表现中华民族的母亲河——黄河的雕塑艺术品中最漂亮的一尊。雕塑由甘肃著名的雕塑家何鄂女士创作，长6m，宽2.2m，高2.6m，总重40t，由母亲和男婴组成构图，分别象征了哺育中华民族生生不息、不屈不挠的黄河母亲和快乐幸福、茁壮成长的华夏子孙。

（2）筏客搏浪　筏客搏浪位于滨河路东段"白塔远眺"小游园中，为1986年10月1日由汪兴中所做。雕塑由钢筋混凝土基座镶嵌以黄河卵石，呈黄河巨浪翻卷状。皮筏斜飞于浪尖之上，破浪而飞，有搏浪追风之感。青铜铸成的筏客跪姿昂首挥桨，其后有一跪姿少女，右手拢鬓，神态安详。这一雕塑再现了昔日黄河上以皮筏为渡的交通方式，是兰州黄河文化的主要内容。

（3）丝路古道　位于城关区黄河大桥南端，滨河路南段。雕塑截取丝路古道的一峰骆驼为核心，由花岗岩雕成，高6m，长7m，重百余吨，集中反映了盛唐时期的丝路盛况。雄驼满载绸缎，上骑一着披风，右手搭凉篷眺望的长者。驼右前部一深眼隆准虬髯的胡商牵僵倒行。驼右后方一青年右手作喇叭状呼喊后续驼队。雕塑构图古朴，整体凝重，气势恢宏，令人顿生朔漠苍凉之感。

（4）平沙落雁（图4-2）　又名"芳洲思雁"，位于滨河路东段，雁滩尖子南面。雕塑为在不规则形浅水塘中，大小不等的3只不锈钢大雁离水展翅奋飞，塘西畔点缀以5枚"雁卵"，错落有致。总体采用抽象派手法，略加变形，显得新颖别致。这一雕塑取材兰州新十景之一的"芳洲思雁"景观和雁滩的传说，寄寓兰州生态恢复平衡，大雁重返雁滩的愿望，并使人能联想到大雁从孕育到雄飞的生命演替过程。

■ 图4-2　平沙落雁

3.水车博览园

2005年8月，被誉为"水车之都"的兰州建起了一处水车博览园，再现了50多年前黄河两岸水车林立的壮观景象。兰州水车博览园位于百里黄河风情线滨河东路黄河南岸。东连中立桥码头、体育公园，西接亲水平台、兰州港、中山桥、白塔山公园等景点。兰州水车博览园由水车园、水车广场、文化广场三部分组成，是一个展现水车文化的主题公园，见图4-3~图4-7。

■ 图4-3 园入口水车广场

■ 图4-4 水车园（1）

■ 图4-5 水车园（2）

■ 图4-6 中心演艺广场

■ 图4-7 水闸、廊桥

二、西安汉城湖风景图解

汉城湖位于西安市西北,原为团结水库,属于开放式免费景区,配有观光车、画舫游船、龙船等自费项目。右岸紧邻北二环、朱宏路,左岸紧靠汉长安城遗址,自大兴路至凤城三路全长6.27km。蓄满水的汉城湖水面最宽处80m,最窄处30m,水深4~6m,总库容137万立方米,形成850亩的湖面。库周以水文化和汉文化为主题的园林景观面积1031亩。集防洪保安、园林景观、水域生态、文物保护和都市农业灌溉为一体。景区由封禅天下、霸城溢彩、汉桥水镇、角楼叠翠、御景覆盘、流光伴湾和安门广场七个功能分区组成,是中外游人寻古揽胜与休闲娱乐为一体的高品位优秀旅游景区。

1.封禅天下与安门广场(两端景观)

见图4-8~图4-10。

■ 图4-8 封禅天下、封禅双阙

■ 图4-9 汉武大帝塑像

■ 图4-10　安门广场阙门、亲水平台

2.霸城溢彩与流光伴湾（过渡景观）

见图4-11~图4-14。

■ 图4-11　霸城溢彩远景

■ 图4-12　霸城溢彩近景

■ 图4-13　流光伴湾远景

■ 图4-14 流光伴湾近景

3.角楼叠翠（高潮景观）

见图4-15~图4-17。

■ 图4-15 中兴阁（核心建筑，构图重心）

■ 图4-16 天汉雄风雕塑广场

■ 图4-17 天汉雄风雕塑

4.园桥（汉桥水镇）与亲水平台（御景覆盎）景观（功能景观）

见图4-18~图4-23。

■ 图4-18 三孔平桥

■ 图4-19 单孔拱桥（汉桥水镇）

■ 图4-20 三孔拱桥（汉桥水镇）

（a）　　　　　　　　　　　　（b）

■图4-21　矩形组合亲水平台

■图4-22　矩形、圆形组合亲水平台

（a）　　　　　　　　　　　　（b）

■图4-23　扇形亲水平台，破浪亲水平台（御景覆盎）

三、扬州瘦西湖景观图解

瘦西湖位于扬州市西北郊，现有游览区面积100hm²左右，1988年被国务院列为"具有重要历史文化遗产和扬州园林特色的国家重点名胜区"。瘦西湖清瘦狭长，水面长约4km，宽不及100m。原是纵横交错的河流，历次经营沟通，运用我国造园艺术的特点，因地制宜地建造了很多风景建筑。瘦西湖从乾隆御码头开始，沿湖过冶春、绿杨村、红园、西园曲水，经大虹桥、长堤春柳，至徐园、小金山、钓鱼台、莲性寺、白塔、凫庄、五亭桥等，再向北至蜀岗平山堂、观音山止，犹如一幅山水画卷，既有天然景色又有扬州独特风格的园林，是国内著名的风景区之一。

1.小金山

小金山是瘦西湖中最大的岛屿，也是湖上建筑最密集的地方，风亭、琴室、木樨书屋、棋室、月观全都集中在这里。沿着蜿蜒的山路拾级而上，便能登上小金山的风亭。风亭是瘦西湖景区的制高点，它就是朱自清先生所说的"瘦西湖看水最好，看月也颇得宜"的地方。风亭上有一楹联"风月无边，到此胸怀何以；亭台依旧，羡他烟水全收"。风亭这个名称就取自于上下联第一个字而得名的。所谓"山不在高，贵在层次。水不在宽，妙在曲折。"这就是瘦西湖和小金山的妙处，见图4-24~图4-27。

■图4-24　小金山虹桥入口

■图4-25　殿内琴石、水边月台

■图4-26　邀月门、山顶风亭

（a）

（b）

■ 图4-27　风亭观景

2.钓鱼台、五亭桥与白塔

见图4-28~图4-32。

（1）钓鱼台　在中国，以"钓鱼台"命名的景点非常多，但扬州的钓鱼台却是众多钓台中体量最小也是极富特色的一座。它是中国名亭建筑的典范，是中国园林"框景"艺术的代表作品。站在钓鱼台斜角60°，人们可以在北边的圆洞中看到五亭桥横卧波光，而南边的椭圆形洞中则正好可以看到巍巍白塔。这一景象一彩一素，一横一卧，真是堪称绝妙。这里也是外地游客到扬州一定要留影的地方。那洞中借景的画面正好对应了"三星拱照"的名称。

（2）五亭桥　如果把瘦西湖比作一个婀娜多姿的少女，那么五亭桥就是少女身上那条华美的腰带。五亭桥不但是瘦西湖的标志，也是扬州城的象征。

（3）白塔　相传在1784年，乾隆皇帝第六次坐船游览扬州瘦西湖。从水上看到五亭桥一带的景色，不由遗憾地说："只可惜少了一座白塔，不然这儿看起来和北海的琼岛春阴就像极了。"说者无心听者有意，财大气粗的扬州盐商当即花了十万两银子跟太监买来了北海白塔的图样，当晚连夜用白色的盐包堆成了一座白塔。这就是在扬州流传至今的"一夜造塔"的故事。白塔高27.5m，下面是束腰须弥塔座，八面四角，每面三龛，龛内雕刻着十二生肖像。和北海白塔的厚重稳健不同，白塔比例匀称，玉立亭亭，与身边的五亭桥相映成趣。

（a）

（b）

■ 图4-28　长堤末端钓鱼台（吹台）

■ 图4-29　一台双借，横框五亭、竖框白塔

（a）

（b）

■ 图4-30　莲花桥（五亭桥）

（a）

（b）

■ 图4-31　白塔远近景

■ 图4-32　台、亭、塔三景遥相呼应

3.二十四桥景区

二十四桥景区包括熙春台、玲珑界、小李将军画本、望春楼和二十四桥。熙春台是二十四桥景区的主体建筑，它与小金山遥遥相对，都处在湖面的转折处。这里也是扬州"二十四景"之一的"春台明月"。"熙春"一词出自老子的"众人熙熙，如登春台"。意指熙春台前人来人往、摩肩接踵的热闹场面。郁达夫曾评论说："二十四桥的明月是中国南方的四大秋色之一。"相传当年扬州盐商曾在这里为乾隆皇帝祝寿，所以这一景又被称为"春台祝寿"。熙春台一带的建筑风格处处体现出皇家园林富丽堂皇的宏大气派。所有的建筑都选用了绿色的琉璃瓦朱栋、白玉的玉体金顶，见图4-33~图4-39。

■ 图4-33 二十四桥景区

■ 图4-34 望春楼及弧形桥

■ 图4-35 小李将军画本、玲珑花界及其亲水平台

■ 图4-36 熙春台及其亲水广场

■ 图4-37 九曲桥、亭式曲桥

■ 图4-38 单孔拱桥（玉带桥）

■ 图4-39 远观借景

4.其他景观图解

见图4-40~图4-43。

■ 图4-40　凫庄

■ 图4-41　春雨亭、碧云亭

■ 图4-42　牌坊、画舫

■ 图4-43　梳妆台及其远借塔景

四、陕西凤县凤凰湖景观图解

凤县古称"凤州"，地处秦岭西段，北依主峰，南接紫柏山。全县最高峰透马驹山海拔2739m。河流属长江水系，县东秦岭梁代王山为嘉陵江发源地。景观区内上有休憩观景平台、主题雕塑、休闲酒吧，下为凤凰湖水上游乐中心和亚洲第一高喷。每到夜幕降临，在3000多盏太阳能星星灯的映衬下，桨声灯影里的嘉陵江音乐曼妙、游人如织，展示着凤县夜生活的无限精彩。

1.凤凰湖风光

见图4-44~图4-47。

■图4-44　凤凰湖上游风光、下游风光

■图4-45　水韵江南、七彩凤县（主题），喷泉景观（构图中心）

■图4-46　龙飞凤舞（主景）

■ 图4-47　上下拦水坝

2.双层栈桥式亲水平台

见图4-48~图4-50。

■ 图4-48　立面上随形就势，平面上尽可能伸入湖中

■ 图4-49　平面上尽可能伸入湖中的亲水平台

■图4-50　第二层上下台阶

3.凤凰湖夜景

见图4-51~图4-53。

■图4-51　凤凰湖观景台

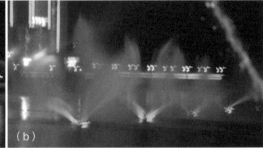

■图4-52　凤凰飞舞

■图4-53　喷泉景观

4.雕塑景观

见图4-54~图4-56。

■图4-54　凤凰主题雕塑

■图4-55　龙凤瓷雕

■图4-56　民俗风情雕塑

五、吐鲁番坎儿井景观图解

坎儿井，时称"井渠"，是井穴之意，为荒漠地区一特殊灌溉系统，普遍存在于中国新疆吐鲁番地区。坎儿井由竖井、地下渠道、地面渠道和"涝坝"（小型蓄水池）四部分组成，吐鲁番盆地北部的博格达山和西部的喀拉乌成山，春夏时节有大量积雪和雨水流下山谷，潜入戈壁滩下。人们利用山的坡度，巧妙地创造了坎儿井，引地下潜流灌溉农田。坎儿井是开发利用地下水的一种很古老式的水平集水建筑物，适用于山麓、冲积扇缘地带，主要用于截取地下潜水来进行农田灌溉和居民用水。

仅吐鲁番地区就有1158条坎儿井，总长达3000km，可与长城、运河相媲美。

1.坎儿井乐园景观

见图4-57~图4-62。

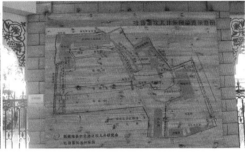

■ 图4-57　入口景观、导游图

■ 图4-58　洗手壶、高车桥

■ 图4-59　出水口雕塑、喷泉

■ 图4-60　暗渠雕塑、风水球

■ 图4-61　标志景观

■ 图4-62　坎儿井明渠

2.坎儿井博物馆及其模型景观

见图4-63～图4-67。

■ 图4-63　坎儿井博物馆与模型

■ 图4-64　坎儿井模型局部景观

■ 图4-65　坎儿井剖面模型

■ 图4-66　坎儿井标牌、竖井雕塑

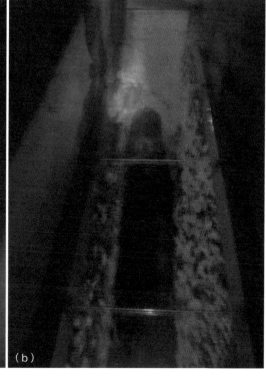

■ 图4-67　坎儿井暗渠景观

3.环境陪衬景观

见图4-68、图4-69。

■ 图4-68　葡萄长廊、葡萄栈桥

■ 图4-69　葡萄凉房

六、西宁浦宁友好园长江水系微缩景观图解

浦宁友好园位于西宁市南山公园南部，占地500亩，是西宁市与上海浦东新区友好合作的一座标志性建设项目。园内风景紧紧把握长江的主要特色景点，以水系为主题，以园区绿地为主导，采用园林造景的手法，利用园区内地势起伏、东高西低的特征，微缩了长江从源头格拉丹东雪山开始至入海口的著名景观，包括虎跳峡、长江大桥、鄱阳湖、龙首岩以及浦东的东方明珠、金茂大厦等，充分体现两地人民"共饮一江水"的寓意。

1.源头景观

见图4-70、图4-71。

■ 图4-70　格拉丹东雪山远景

■ 图4-71 格拉丹东雪山标志景观

2.长江代表微缩景观（图4-72~图4-77）

■ 图4-72 鄱阳湖微缩景观

■ 图4-73 三峡（虎跳峡）微缩景观

（a）　（b）

■ 图4-74　三峡（虎跳峡）局部景观

（a）　（b）

■ 图4-75　瀑布景观

（a）　（b）

■ 图4-76　池潭景观

（a）　（b）

■ 图4-77　龙首崖景观

3.入海景观

见图4-78~图4-80。

■图4-78　园桥景观（长江大桥）

■图4-79　上海黄浦江微缩景观　　　　　■图4-80　东方明珠、金茂大厦微缩景观

第二节　宽阔的水面景观图解

一、杭州西湖景观图解

杭州西湖，它以其秀丽的湖光山色和众多的名胜古迹而闻名中外，是中国著名的旅游胜地，也被誉为"人间天堂"。西湖是著名的潟湖，也称西子湖。西湖三面环山，面积约6.5km²，南北长约3.2km，东西宽约2.8km，云山秀水是西湖的底色；山水与人文交融是西湖风景名胜区的格调。西湖之妙，在于湖裹山中，山屏湖外，湖和山相得益彰；西湖的美，在于晴中见潋滟，雨中显空蒙，无论雨雪晴阴都能成景。湖区以苏堤和白堤的优美风光见称，苏堤和白堤横贯于西湖。绕湖一周近15km。西湖平均水深2.27m，水体容量约为1429万立方米。湖中被孤山、白堤、苏堤、杨公堤分隔，按面积大小分别为外西湖、西里湖（又称"后西湖"或"后湖"）、北里湖（又称"里西湖"）、小南湖（又称"南湖"）及岳湖等五片水面，其中外西湖面积最大。孤山是西湖中最大的天然岛屿，苏堤、白堤越过湖面，小瀛洲、湖心亭、阮公墩三个人工小岛鼎立于外西湖湖心，夕照山的雷峰塔与宝石山的保俶塔隔湖相映，由此形成了"一山、二塔、三岛、三堤、五湖"的基本格局。

1.西湖风光

见图4-81~图4-83。

■ 图4-81　云山秀水

■ 图4-82　堤岛风光

■ 图4-83　植物群落

2.花港观鱼与牡丹园

见图4-84~图4-88。

■ 图4-84　花港观鱼标志石

■ 图4-85　独乐乐

■ 图4-86　与众同乐

■ 图4-87　牡丹园

■ 图4-88　牡丹亭、植物群落

3.三潭印月

见图4-89~图4-91。

■ 图4-89 小瀛洲、三潭印月

■ 图4-90 曲桥、桥亭

■ 图4-91 堤岛风光

4.平湖秋月与西湖人家

见图4-92~图4-94。

■ 图4-92 平湖秋月

■图4-93　西湖人家（1）

■图4-94　西湖人家（2）

5.夕影曲桥与涌金池

见图4-95~图4-97。

■图4-95　夕影亭、九曲桥

■图4-96　夕影曲桥

（a）

（b）

■图4-97　涌金池

6.其他景观与游船活动

见图4-98、图4-99。

（a）

（b）

■图4-98　纤细的保俶塔、浑重的雷峰塔

（a）

（b）

■图4-99　西湖游船

二、武汉东湖景观图解

武汉东湖风景区位于武汉市城区的二环与中环之间,景区面积73km²,其中湖面面积33km²,是国内最大的城中湖;加上沿湖陆地风景区,面积达80km²。东湖湖岸曲折,港汊交错,素有九十九湾之说。东湖风景区目前已对外开放的有听涛、磨山、吹笛、落雁四大景区,景观景点100多处。33km²的水域浩瀚,12个大小湖泊,120多个岛渚星罗,112km湖岸线曲折,环湖34座山峰绵延起伏,10000余亩山林林木葱郁,湖水镜映,山体如屏,山色如画。东湖一年四季,景色诱人:春季山青水绿、鸟语莺歌;夏季水上泛舟,清爽宜人;秋季红叶满山,丹桂飘香;冬季踏雪赏梅,沁雅寻幽。东湖是最大的楚文化游览中心,楚风浓郁,楚韵精妙,行吟阁名播遐迩,离骚碑誉为"三绝",楚天台气势磅礴,楚才园名人荟萃,楚市、屈原塑像、屈原纪念馆,内涵丰富,美名远扬,文化底蕴厚重深远。

1.水域浩瀚的东湖风光

见图4-100~图4-102。

■图4-100 大小湖泊　　　　　　　　■图4-101 岛渚星罗

■图4-102 岸线曲折

2.碧潭观鱼

见图4-103~图4-105。

■ 图4-103　标志及入口景观

■ 图4-104　九曲桥

■ 图4-105　亭榭景观

3.行吟阁景观

见图4-106、图4-107。

■ 图4-106　岛上行吟阁

■图4-107　屈原雕塑与纪念馆

4.落霞水榭与蝴蝶花园

　　见图4-108~图4-110。

■图4-108　水榭全貌

■图4-109　船板出入口、风帆码头

■ 图4-110　蝴蝶花园

5.梅园景观

见图4-111~图4-114。

■ 图4-111　梅园风光（1）

■ 图4-112　梅园风光（2）

■ 图4-113　室内外梅花

■ 图4-114　梅开五福、梅妻鹤子

6.楚城与楚天台

见图4-115~图4-117。

■ 图4-115　楚城

■ 图4-116　楚天台正面与背面景观

■ 图4-117　楚天台局部景观

7.游船景观

见图4-118。

■ 图4-118　游船码头

三、嘉兴南湖风景图解

南湖风景名胜区位于嘉兴市区，规划区域总面积276.3hm²，其中水域面积98hm²。南湖因地处嘉兴城南而得名，与西南湖合称鸳鸯湖。南湖是浙江三大名湖之一，素来以"轻烟拂渚，微风欲来"的迷人景色著称于世。

1.湖心岛与烟雨楼

湖心岛位于南湖中心，全岛面积17亩。明嘉靖二十七年（1548年），嘉兴知府赵瀛组织疏浚城河，将淤泥垒土成岛，次年移建烟雨楼于岛上。清以后又相继建成清晖堂、孤云簃、小蓬莱、来许亭、鉴亭、宝梅亭、东和西御碑亭、访踪亭等建筑，形成了以烟雨楼为主体的古园林建筑群，亭台楼阁、假山回廊、古树碑刻，错落有致，是典型的江南园林，见图4-119、图4-120。

■ 图4-119　湖心岛

■ 图4-120　烟雨楼（前面绿化、后面假山）

2.小瀛洲与小烟雨楼

小瀛洲位于南湖东北部，是湖中小岛，与湖心岛上烟雨楼南北相望，旧称小瀛洲，俗称小南湖、小烟雨楼。清康熙时疏浚市河，堆泥于此，遂成一面积约8亩的分水域，初为渔民晒网之地，后渐成游览胜处。见图4-121～图4-123。

■图4-121 小瀛洲

■图4-122 小烟雨楼

■图4-123 风雨桥

3.南湖红船与革命纪念馆

　　嘉兴南湖不仅以秀丽的烟雨风光享有盛名，而且还因中国共产党第一次全国代表大会在这里胜利闭幕而备受世人瞩目，成为我国近代史上重要的革命纪念地。见图4-124、图4-125。

■图4-124 南湖红船、革命纪念馆外观

■ 图4-125　革命纪念馆

4.南湖渔村与壕股塔楼

南湖渔村位于南湖西北，是明代勺园旧址。嘉靖年间由吏部员外郎吴昌时兴建。据吴耦汀《烟雨楼史话》记载："勺园初建时面积并不大，但到处是楼台亭榭，假山峭削，青松苍翠，秋枫红醉；池中荷花，岸边杨柳；面对澎湖，北背城壕，烟雨楼台，近在咫尺，园楼相对，形成了一个由水系为纽带的建筑群体，环境相当幽雅。"见图4-126、图4-127。

壕股塔是古时嘉兴七塔八寺之一，因北临城壕，其水曲如股而得名。相传苏东坡曾到此饮茶，并与文长老（徐渭）在此晤谈。壕股塔及其禅寺在宋元时非常兴盛。重建的壕股塔位于南湖西侧的南湖渔村之中，塔高63.36m，七层，建筑面积600m^2，塔院建筑面积200m^2，塔身为阁楼式，四周有回廊，沿袭宋代建筑风格。每层的四角翘檐上搁置一个精致佛像，下面垂挂古朴风铃，呈现"影荡玻璃碎，风铃柳外高"的意境。见图4-128。

■ 图4-126　南湖渔村全貌

■ 图4-127　南湖渔村局部景观

■图4-128　壕股塔院、塔楼

四、北京北海风景图解

北海公园位于北京市中心区，城内景山西侧，在故宫的西北面，与中海、南海合称三海。这里原是辽、金、元所建离宫，明、清辟为帝王御苑，是中国现存最古老、最完整、最具综合性和代表性的皇家园林之一。全园以神话中的"一池三山"（太液池、蓬莱、方丈、瀛洲）构思布局，形式独特，富有浓厚的幻想意境色彩。北海公园的主要景点由三部分组成：南部以团城为主要景区；中部以琼华岛上的永安寺、白塔、悦心殿等为主要景点；北部则以五龙亭、小西天、静心斋为重点。

1.琼华岛

琼华岛位于北海公园太液池的南部，为北海的中心景区，岛上建筑依山势布局，高低错落有致，掩映于苍松翠柏中，南面以永安寺为主体，并有法殿、正觉殿等。东南面有石桥和岸边相连，有风景如画的景山。永安寺白塔始建成于1651年，塔高35.9m，塔基为砖石须弥座，座上有三层圆台，白塔下有"藏井"。延楼游廊呈半圆形，环抱于琼岛北麓的北海湖畔，长300m，共60间，分上下两层。延楼游廊东西两端分别建有倚晴楼和分凉阁。它宛如一条彩带，把琼岛、瑶池（北海湖）紧密地联系起来，起着烘托和丰富山光水色的重要作用。见图4-129~图4-134。

■图4-129　琼华岛南岸风光　　　　　　　　■图4-130　琼华岛北岸风光

■ 图4-131　白塔与延楼游廊形成横竖对比

（a）

（b）

■ 图4-132　制高点之白塔

（a）

（b）

■ 图4-133　延楼游廊线状景观

■ 图4-134　延楼游廊两头的倚晴楼、分凉阁

2. 团城

团城位于北海公园南门西侧，享有"北京城中之城"之称。团城处于故宫、景山、中南海、北海之间，四周风光如画，苍松翠柏。碧瓦朱垣的建筑，构成了北京市内最优美的风景区。承光殿位于城台中央，内有龛一座，供奉着用整块玉雕琢的白色玉佛像一尊，高1.5m，头顶及衣服以红绿宝石镶嵌佛像，洁白无瑕，光泽清润，面容慈祥。见图4-135、图4-136。

■ 图4-135　团城观景台

■ 图4-136　远借中南海风光

3.五龙亭

五亭主次分明，飞金走彩，曲桥连缀，若浮若动，酷似游龙戏水，故称五龙亭，为北海

湖滨的重要点景。中亭叫"龙泽"，上圆下方，双重檐。藻井有金龙俯首雕饰。此亭为清代帝后钓鱼、赏月、观看焰火的游乐之处。中亭两侧对称而建四座重檐亭，左边二亭名为"澄祥""滋香"；右边二亭称为"涌瑞""浮翠"，是群臣陪伴帝后玩耍的地方。见图4-137~图4-139。

■图4-137　五龙亭景观

■图4-138　五龙亭侧面景观

■图4-139　五龙亭与周围建筑景观

4.游船活动

见图4-140~图4-142。

■图4-140　古典游船码头

■图4-141　现代游船码头

■图4-142　游船活动

五、广州流花湖景观图解

　　流花湖公园占地54.43hm²，其中湖水面积占60%，绿化占陆地面积88%。流花湖公园现址相传是晋代芝兰湖，后成为菜田。1958年市政府为疏导街道水患，组织全市人民义务劳动，建成流花湖等四个人工湖，后辟为公园，除原有蓄水防洪功能外，还是集游览、娱乐、休憩功能为一体的大型综合性公园。公园以棕榈植物、榕属植物、开花灌木及开阔的草坪、湖面与轻巧通透的岭南建（构）筑物相互配合，形成具有强烈南亚热带特色的自然风光，全园分三个开放性区域：游览休息区，以棕榈科植物为绿化的主调，一派南亚热带风光，有反映傣族风情的勐苑、表现岭南乡村风韵的浮丘、秀丽的芙蓉洲、明艳开阔的芳草地、棕榈林立的蒲葵堤等园中园及景点，与餐饮配套服务，构成适于观赏、游览的小憩场所；娱乐活动区，有具现代气息的蒲林广场、宝象乐园、榕荫游乐场，为不同年龄的游人提供游乐及休闲活动的天地，有充满鱼趣、农趣、园趣、陶趣、童趣的农趣园，游人在体验到农家生活乐趣的同时，深切感受到回归大自然的舒畅和愉悦；花鸟盆景观赏展览区，有以展览盆景、赏石为主的"岭南盆景之家"西苑，有"闹市小鸟天堂"之称的鹭鸟保护区和流花鸟苑，将赏景、观鸟、生态保护融为一体。

1.湖周围岸边景观

　　见图4-143～图4-149。

■ 图4-143　岸边亭廊

■ 图4-144　亭廊组合

■ 图4-145　亲水漂台

■ 图4-146　湖边园凳（休憩观景）

■ 图4-147　岸边花坛带，游船码头

■ 图4-148　蒲葵堤远景

■ 图4-149 蒲葵堤近景（红柱绿顶亭桥、白色平桥）

2.洲岛（丘）景观

见图4-150～图4-154。

■ 图4-150 蒲翠洲（园门、景架）

■ 图4-151 具有岭南乡村风韵的浮丘侧面远景

■ 图4-152　浮丘正面中景（浮桥相通）、近景

■ 图4-153　芙蓉洲

■ 图4-154　唐苑酒家、金色婚纱

3.春园景观

见图4-155~图4-157。

■ 图4-155　入口景观

■ 图4-156　凉亭、花卉景观

■ 图4-157　园中水池景观

4.勐苑景观

见图4-158～图4-160。

■ 图4-158　入口、曲桥

■ 图4-159　水池、瀑布

■图4-160　傣族风情景观

第三节　综合水系景观图解

一、济南趵突泉与大明湖景观图解

济南素以泉水众多、风景秀丽而闻名天下，据统计有四大泉域，十大泉群，733个天然泉，是举世无双的天然岩溶泉水博物馆。济南的泉不仅数量多，而且形态各异，精彩纷呈，有的呈喷涌状，有的呈瀑布状，有的呈湖湾状，众多清冽甘美的泉水，从城市地下涌出，汇为河流、湖泊。盛水时节，在泉涌密集区呈现出"家家泉水，户户垂柳""清泉石上流"的绮丽风光。

1.趵突泉景观图解

趵突泉是公园内的主景，泉池东西长3m，南北宽20m，泉分三股涌出平地，泉水澄澈清冽。泉的四周有大块砌石，环以扶栏，可凭栏俯视池内三泉喷涌的奇景。在泉北有宋代建筑"泺源堂"（现为清代重建），堂厅两旁楹柱上悬挂有"云雾润蒸华不注，波涛声震大明湖"的对联；西南有明代建筑"观澜亭"，亭前水中矗立的石碑，上书"趵突泉"三字，为明代书法家胡缵宗所写，池东为"来鹤桥"，桥南端耸立一古色古香的木牌楼，横额上有"洞天福地""蓬山旧迹"字样。见图4-161~图4-166。

■图4-161　趵突泉观澜亭

（a）　（b）

■ 图4-162　观澜廊、观澜榭

（a）　（b）

■ 图4-163　观澜台、观澜桥

（a）　（b）

■ 图4-164　观澜假山、来鹤桥

■ 图4-165　泺源堂

■图4-166 石碑

2.天尺亭泉阵景观图解

　　天尺亭作为趵突泉新地下水位遥测点，成为公园乃至泉城的一大标志性景观。为内盆外池构造，内盆半径3.8m，外池半径5.8m。仿古窜顶式三角亭嵌于内盆中央，亭内三面电子屏可清楚地显示趵突泉地下水位和济南泉水成因。三角亭高6.3m，对角宽3m，青瓦彩栋。护栏嵌有"二龙戏珠"透雕图案，水下安装30只灯和人造雾装置，各种彩色灯光不停变化，护栏内壁探出9个龙头，不断地喷云吐雾。护栏外围地面镶嵌济南新七十二名泉浮雕板。整体建筑位于趵突泉皇华轩南侧，周围环水傍泉，花木扶疏。见图4-167~图4-171。

■图4-167 泉阵景观（外方内圆）

■图4-168 构图中心天尺亭

■图4-169 柳絮泉、皇华泉

■ 图4-170　卧牛泉、金线泉

■ 图4-171　泉间相连

3.其他泉景观图解

见图4-172~图4-177。

■ 图4-172　漱玉泉

■ 图4-173　杜康泉

■图4-174　登州泉、东高泉

■图4-175　湛露泉、石湾泉

■图4-176　无忧泉、满井泉

■图4-177　濯缨泉

4.泉间渠溪景观图解

见图4-178~图4-181。

■ 图4-178　晴雨溪，忽宽忽窄、时隐时现

■ 图4-179　泉渠景观，左右盘旋、时分时合

■ 图4-180　泉渠景观，或规则或自然

■ 图4-181　水街景观

5.大明湖园桥景观

见图4-182~图4-186。

■ 图4-182 单孔拱桥

■ 图4-183 并排平桥、交叉拱桥

■ 图4-184 三孔拱桥，或方或圆

■ 图4-185 组合桥景观

■ 图4-186 九曲桥

6.大明湖风光

　　大明湖是济南三大名胜之一，是繁华都市中一处难得的天然湖泊，也是泉城重要风景名胜和开放窗口，闻名中外的旅游胜地，素有"泉城明珠"的美誉。大明湖景色优美秀丽，湖上鸢飞鱼跃，荷花满塘，画舫穿行，岸边杨柳荫浓，繁花似锦，游人如织，其间又点缀着各色亭、台、楼、阁，远山近水与晴空融为一色，犹如一幅巨大的彩色画卷。大明湖一年四季美景纷呈，尤以天高气爽的秋天最为宜人：春日，湖上暖风吹拂，柳丝轻摇，微波荡漾；夏日，湖中荷浪迷人，葱绿片片，嫣红点点；秋日，湖中芦花飞舞，水鸟翱翔；冬日，湖面虽暂失碧波，但银装素裹，分外妖娆。见图4-187~图4-189。

■ 图4-187 构图重心——超然楼，湖中岛

■ 图4-188 与植物群落融为一体

■图4-189 明湖泛舟

二、广州荔枝湾景观图解

荔枝湾，又叫荔枝湾涌，是广州一著名景区。荔枝湾涌严格来说不是一条孤立的河流，而是原广州城西，现今的荔湾路、中山八路、黄沙大道（北段）、多宝路（西段）、龙津西路一带的江畔湿地中纵横交错的水系的总称。见图4-190。

■图4-190 荔枝湾置石障景、荔湾湖入口

1.点状水景图解

见图4-191~图4-194。

■图4-191 瀑布景观

■图4-192 涌泉、喷泉

■ 图4-193　斜面瀑布、假山瀑布

■ 图4-194　回环的跌水景观

2.文塔与龙津桥

　　文塔又称文笔塔、文昌塔、云津阁，坐南朝北，高13.6m，底座为石脚，塔身为大青砖所砌，属明代中期至清代建筑，其整体风格与广州琶洲古塔和香港新界屏山聚星楼相似。文塔旁边有一棵参天细叶榕古树，树龄157年。荔枝湾涌上的车行桥为龙津桥。荔枝湾涌共有5座桥：龙津桥、德兴桥、大观桥、至善桥、永宁桥，其中龙津桥为三拱桥，中间过水，两边行人，长57m。龙津桥与文塔相呼应，"一桥一塔"符合中国传统习惯，为荔枝湾重要景观。见图4-195~图4-197。

■ 图4-195　文塔（云津阁）

■ 图4-196 龙津桥

（a） （b）

■ 图4-197 德兴桥、廊桥

3.荔湾渠景观

见图4-198、图4-199。

（a） （b）

■ 图4-198 以廊分割水面

（a） （b）

■ 图4-199 荔湾渠、木质栈桥

4.荔湾湖亭（榭）桥景观

见图4-200、图4-201。

（a）

（b）

（a）

（b）

■ 图4-201　亭榭桥组景观

5.荔湾湖风光

荔湾湖以湖泊为主体，由小翠湖、玉翠湖、如意湖、五秀湖组成。园内亭、台、榭、廊、轩、阁掩映于碧波绿树之中。树木成荫，杨柳依依，绿草如茵，桥曲栏回，亭台楼榭，贴水石桥，湖渡辉映．好一派南国风光。见图4-202~图4-205。

（a）

（b）

■ 图4-202　湖面或宽阔、或狭长

■图4-203　湖中岛、荔枝女

■图4-204　水上餐厅、游船码头

■图4-205　泮溪画舫

三、哈尔滨太阳岛景观图解

　　太阳岛坐落在哈尔滨市松花江北岸，与繁华的市区隔水相望，有广阔丛林和草地，有天然日光浴场所，属于江漫滩湿地草原型风景名胜区。太阳岛碧水环绕，景色迷人，具有质朴、粗犷、天然无饰的原野风光特色。这里的季象变化十分明显，春季山花烂漫，芳草萋萋，绿叶盈枝，鸟雀齐鸣，流水叮咚，清泉飞瀑，构成一幅万籁俱唱、繁花盈野的景象，具有"满园春色关不住"之感；夏日，柳绿花红，草木茂盛，花香四溢，白沙碧水，江涛万顷，游人如织；秋时，枫红柏绿，金叶复径，老圃黄花，层林尽染，乘兴登岛一游，则宛如漫步于色彩绚丽的人间仙境；冬季，飞雪轻舞，玉树银花，银装素裹，构成了一幅独具特色的北国风景画卷，素有"北国风光赛江南"之美誉。太阳岛入口景观见图4-206。

(a)

(b)

(c)

■ 图4-206　太阳岛入口景观

1.水阁云天

　　水阁云天是太阳岛公园内最为经典的园中园。"水"即太阳湖，为人工湖，是由哈尔滨市市民在1980年五一劳动节期间义务劳动挖出的。挖出的土方堆积形成了太阳岛内另外一处重要景观——太阳山。"阁"采用现代园林造景手法，融合欧式建筑风格，依水建成长廊、连廊、方阁三个部分。方阁为两层，平水而起，有54个黑色贴面大理石柱。"阁"以及湖岸上的垂柳倒映于"水"中，形成"亭桥映柳"的景观，令人赞叹。见图4-207~图4-212。

(a)

(b)

■ 图4-207　水阁云天观景台

■ 图4-208　太阳湖风光

（a）　　　　　　　　　　　（b）

■图4-209　太阳湖岛堤景观

（a）　　　　　　　　　　　（b）

■图4-210　太阳湖驳岸景观

（a）　　　　　　　　　　　（b）

■图4-211　听雨廊、三角亭组

（a）　　　　　　　　　　　（b）

■图4-212　太阳山

2.太阳瀑

太阳瀑占地面积约1.5万平方米，长132m，高7m。太阳瀑是太阳岛综合整治三期改造工程新增的人造景观，原址为哈尔滨市第三中学外语部所在地。人工瀑布飞扬直下，虽比不上自然的壮观，但依然给人一种气势。瀑布山洞内是一座设计独特的长廊，长廊内有仿自然的溶洞。见图4-213～图4-216。

■ 图4-213　太阳瀑外景

■ 图4-214　瀑布内部景观

■ 图4-215　栈桥、驳岸景观

■ 图4-216　水面景观

3.松花江

松花江，是黑龙江的最大支流，东北地区的大动脉，本身也有两条主要支流：其一为源于白头山天池的第二松花江，另一为源于小兴安岭的嫩江，两条支流在扶余县汇合始称松花江，折向东北流至同江县注入黑龙江。见图4-217~图4-221。

■图4-217　跨江大桥

■图4-218　跨江索道

(a)

(b)

■图4-219　江岸风光

(a)

(b)

■图4-220　江边码头

(a)

(b)

■图4-221　进岛斜拉桥、码头

4.冰雕景观

见图4-222~图4-225。

■ 图4-222　亭塔景观

■ 图4-223　俄罗斯风情景观

■ 图4-224　松鹤延年、双龙戏珠景墙

■ 图4-225　温馨之家

四、长春净月潭水系景观图解

净月潭位于长春市东南12km处,是一处群山环抱、森林茂密的水库游览区,因筑坝蓄水呈弯月状而得名,因山清水秀而闻名,被誉为我国台湾地区著名景点日月潭的姊妹潭。净月潭中浩翰林海,茂密如织,依山布阵,威武壮丽,构成了含有30个树种的完整森林生态体系。这里是泛舟、垂钓、游泳的避暑胜地,落叶婆娑,层林尽染,色彩斑斓,却道天凉好个秋;白雪初霁,千里冰封,潭水凝脂,银装素裹,一派北国风光。净月潭的水色是如此的碧波荡漾,秀美宜人。一汪潭水宽1km,纵长4km,水深15m,仿佛一条卧龙静候在山弯之中。每当夜幕降临,月光初上之时,但见一轮皓月映在潭水中,挥洒出片片光晕,伴随着不远处那声声低吟的松涛声,好似琴瑟和鸣。

1.先入启景

见图4-226、图4-227。

■图4-226 净月广场

■图4-227 净月女神、喷泉景观

2.烘托景观

见图4-228~图4-233。

■图4-228 荷花垂柳园全景

■ 图4-229　半圆亲水平台

■ 图4-230　中心观景台

■ 图4-231　赏荷台

■ 图4-232　观柳台（桥）

■ 图4-233　芦苇、荷花

3.塔楼观景

见图4-234~图4-237。

■ 图4-234　从荷花垂柳园遥望塔楼（远景），林中塔楼（中景）

■ 图4-235　碧松净月钟楼

■ 图4-236　碧松净月塔楼（近景）

■ 图4-237 坝上塔楼（登楼观赏净月潭）

4.净月潭主景

见图4-238~图4-242。

■ 图4-238 水库大坝，水面景观

■ 图4-239 卧龙岛、净月潭

■ 图4-240 山林别墅

■图4-241　山林住宅　　　　　　　　　　　　■图4-242　城市住宅

五、西安大唐芙蓉园水系景观图解

　　大唐芙蓉园是在原唐代芙蓉园遗址上仿照唐代皇家园林建造起来的，占地面积1000亩，其中水面300亩；它以"走进历史、感受人文、体验生活"为背景，展示大唐盛世的灿烂文明，是中国第一个全方位展示盛唐历史风貌的大型皇家园林式文化主题公园，是中国首个"五感"主题公园；拥有世界上最大的仿唐皇家建筑群、全球最大的户外香化工程、全国最大的仿唐宴开发基地，还有全国最大的展现唐代诗歌文化的雕塑群以及全方位再现唐长安城贸易活动的场所。每晚上演的全球最大水幕电影，集音乐喷泉、激光、火焰、水雷、水雾为一体，带给游客震撼的立体感觉。

1.点状水景

　　见图4-243～图4-245。

■图4-243　杏园钱币涌泉

■图4-244　陆羽茶社茶壶喷泉

■图4-245　陆羽茶社瓦罐涌泉

2.线状水景

见图4-246~图4-248。

■图4-246　曲江流饮

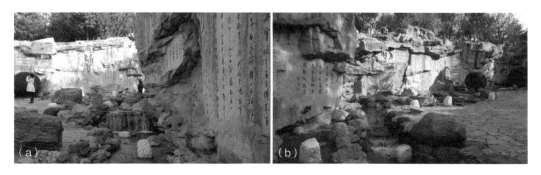

■图4-247　唐诗峡溪流

（a）

（b）

■ 图4-248　诗魂溪流

3.面状水景

见图4-249~图4-252。

■ 图4-249　芙蓉湖（紫云楼）　　　　　■ 图4-250　芙蓉湖（焰火岛）

（a）

（b）

■ 图4-251　芙蓉湖（彩廊观澜）

（a）

（b）

■ 图4-252　芙蓉湖（仕女馆），凤凰池（凤鸣九天剧院）

4.立体水景

见图4-253~图4-257。

■ 图4-253 芳林绿堤跌水瀑布群

（a）

（b）

■ 图4-254 自凉亭

（a）

（b）

■ 图4-255 银桥飞瀑

■ 图4-256　银桥飞瀑侧面景观

■ 图4-257　百川入海跌水瀑布

第五章
登高远借空中园林景观图解

■ 第一节　传统登高建筑及其远借景观图解

一、武汉黄鹤楼景观图解

黄鹤楼在湖北武昌长江南岸，素有"天下江山第一楼"之美誉。冲决巴山群峰，接纳潇湘云水，浩荡长江在三楚腹地与其最长支流汉水交汇，造就了武汉隔两江而三镇互峙的伟姿。这里地处江汉平原东缘，鄂东南丘陵余脉起伏于平野湖沼之间，龟蛇两山相夹，江上舟楫如织，黄鹤楼天造地设于斯。相传黄鹤楼始建于三国，唐时名声始盛，这主要得之于诗人崔颢"昔人已乘黄鹤去，此地空余黄鹤楼"的诗句。

黄鹤楼坐落在海拔高度61.7m的蛇山顶，以清代"同治楼"为原型设计。楼高5层，总高度51.4m，建筑面积3219m²。72根圆柱拔地而起，雄浑稳健；60个翘角凌空舒展，恰似黄鹤腾飞。楼的屋面用10多万块黄色琉璃瓦覆盖。在蓝天白云的映衬下，黄鹤楼色彩绚丽，雄奇多姿。

1.黄鹤楼主体景观

见图5-1、图5-2。

（a）　　　　　（b）

■ 图5-1　黄鹤楼主体景观

■ 图5-2　龟蛇上对鹤、圆台上古铜顶

2.黄鹤楼辅助景观

见图5-3、图5-4。

■ 图5-3　圆形大肚白塔、方形三级世纪钟

■ 图5-4　对称式亭廊坊（原入口景观）

3.黄鹤楼与白云阁景观

白云阁坐落在蛇山高观山山顶，在黄鹤楼以东约274m处，海拔75.5m，阁高41.7m，是观赏黄鹤楼、蛇山、长江的极佳景点。白云阁历史上曾是南楼的别称，阁名源于唐代诗人崔颢"黄鹤一去不复返，白云千载空悠悠"的诗句。1992年1月竣工的白云阁，外观为塔楼式，呈"T"字形，坐北朝南，占地面积695m²，阁名由史学家周谷城书写。见图5-5、图5-6。

■ 图5-5　白云阁及其登高远观黄鹤楼

■ 图5-6　白云阁与黄鹤楼遥相呼应、相互资借

4.登黄鹤楼观景

见图5-7~图5-10。

■ 图5-7　近观俯瞰亭廊坊

■图5-8　远观长江大桥

■图5-9　俯借古铜顶、世纪钟与白云阁错落景观

(a)

(b)

■图5-10　临借城市建筑群景观

二、西安大雁塔景观图解

　　大雁塔又名大慈恩寺塔，位于西安市南郊大慈恩寺内。始建于652年（唐高宗永徽三年）。玄奘法师为供奉从印度带回的佛像、舍利和梵文经典，在慈恩寺的西塔院建起一座五层砖塔。在武则天长安年间重建，后来又经过多次修整。大雁塔在唐代就是著名的游览胜地，因而留有大量文人雅士的题记，仅明、清朝时期的题名碑就有二百余通。大雁塔是楼阁式砖塔，塔通高64.5m，塔身为七层，塔体呈方形锥体，由仿木结构形成开间，由下而上按比例递减，塔内有木梯可盘登而上。每层的四面各有一个拱券门洞，可以凭栏远眺。整个建筑气魄宏大，造型简洁稳重，比例协调适度，格调庄严古朴，是保存比较完好的楼阁式塔。在塔内可俯视西安古城。大雁塔是西安市的标志性建筑和著名古迹，是古城西安的象征。

1.大雁塔景观

　　见图5-11、图5-12。

(a)

(b)

■图5-11　大雁塔平视远景、中景

■ 图5-12 大雁塔仰视近景

2.登塔近借

见图5-13~图5-15。

■ 图5-13 向北近借 寺观群

■ 图5-14 向东近借宾馆景

■ 图5-15 向西近借牡丹苑

3.登塔远借

见图5-16~图5-19。

■图5-16　北望喷泉景观（北广场）　　　■图5-17　南望游园景观（南广场）

■图5-18　东望遗址景观　　　　　　　■图5-19　西望民俗景观

三、北京景山万春亭景观图解

　　景山公园位于故宫北面，地处北京城区中心，占地23hm²，位于北京故城垣南北中轴线的中心点上。为元、明、清三代御苑。南与紫禁城的神武门隔街相望，西邻北海公园。景山山高42.6m，海拔88.35m。站在山顶可俯视全城，金碧辉煌的古老紫禁城与现代化的北京城新貌尽收眼底。景山的主要建筑有：三座园门（景山门、山左里门、山右里门）；祭祀孔子的绮望楼；五峰亭（观妙亭、周赏亭、万春亭、富览亭、辑芳亭）；景山山后的寿皇殿；东侧的永思殿和观德殿以及护国忠义庙。

1.五峰亭

　　峰亭共有5座，自东向西依次为观妙亭、周赏亭、万春亭、富览亭、辑芳亭。

　　（1）观妙亭　东侧第二座亭。翡翠绿琉璃筒瓦顶，黄琉璃筒瓦剪边，重檐八角攒尖式。上檐重昂七踩斗栱，下檐单昂五踩斗栱，两槽柱子，内外各有八根。亭高约为14.2m，建筑面积约为110m²。内原供五方佛之一的阿閦佛，为铸铜镏金佛像，被八国联军劫去。

　　（2）周赏亭　东侧第一座亭。孔雀蓝琉璃筒瓦顶，紫晶色琉璃瓦剪边，重檐圆攒尖顶。上檐重昂七踩斗栱，下檐单昂五踩斗栱，两槽柱子，内外各有八根。亭高约为11.3m，建筑面积近100m²。内原供五方佛之一的宝生佛，为铸铜镏金佛像，被八国联军劫去。

　　（3）万春亭　位于景山的中峰，中峰的相对高度为45.7m，是北京城南北中轴线上最高和最佳的观景点。黄琉璃筒瓦顶，绿琉璃筒瓦剪边，四角攒尖式，三层檐。一层檐重昂七踩斗栱，二层檐和三层檐重昂五踩斗栱。两槽柱子，外层每面有六根，共有二十根；内层每面有四根，共有十二根。该亭在1958年和1973年曾经国家先后投资34万元修缮。内原供木质漆金毗卢遮那佛。原佛像于1900年被砍伤佛臂，又在文革中遭到彻底破坏。现佛像为1998年恢复。从万春亭上，可以南看故宫金碧辉煌的宫殿，北看中轴线的钟鼓楼，西看北海的白塔。

（4）富览亭　西侧第一座亭。孔雀蓝琉璃筒瓦顶，紫晶色琉璃瓦剪边，重檐圆攒尖顶。上檐重昂七踩斗拱，下檐单昂五踩斗拱，两槽柱子，内外各有八根。亭高约为11.3m，建筑面积近100m²。内原供五方佛之一的不空成就佛，为铸铜镏金佛像，光绪二十六年（1900年）被八国联军劫去。

（5）辑芳亭　西侧第二座亭。翡翠绿琉璃筒瓦顶，黄琉璃筒瓦剪边，重檐八角攒尖式。上檐重昂七踩斗拱，下檐单昂五踩斗拱，两槽柱子，内外各有八根。亭高约为14.2m，建筑面积约为110m²。内原供五方佛之一的阿弥陀佛，为铸铜镏金佛像，被八国联军劫去。

2.万春亭景观

见图5-20、图5-21。

■图5-20　万春亭轴线位置

■图5-21　三重檐万春亭侧面景观

3.其他峰亭

见图5-22、图5-23。

■图5-22　万春亭左侧的富览亭、辑芳亭

■ 图5-23　万春亭右侧的周赏亭、观妙亭

4.登万春亭远观借景

见图5-24～图5-26。

■ 图5-24　城北轴线（故宫）、城南轴线

■ 图5-25　西借北海公园

■ 图5-26　首都古今交相辉映

四、兰州五泉山长廊景观图解

五泉山公园位于兰州市区南侧的皋兰山北麓，是一处具有两千多年历史的旅游胜地。五泉山海拔1600m，占地26万平方米，因有惠、甘露、掬月、摸子、蒙五眼泉水而得名，史有鞭响泉涌传说。五泉山中峰高处为古建筑群，庙宇建筑依山就势，廊阁相连，错落有致，各按地势，如镶险峦峻峰。240多级，97盈的长廊盘旋而上，将东龙口与中峰连通。站在长廊里，是观赏兰州市城市景观的理想之地。

1.悬空栈道景观

见图5-27、图5-28。

■ 图5-27 悬空栈道入口景观

■ 图5-28 悬空栈道与长廊连接处

2.长廊景观

见图5-29、图5-30。

■图5-29　依岩双层悬空长廊

■图5-30　长廊文化墙内景、长廊出口牌坊景观

3.站在长廊观景

见图5-31、图5-32。

■图5-31　俯瞰近景（绿树丛中的建筑群）

■图5-32　俯瞰中远景（五泉山公园与兰州市景观）

五、合肥逍遥津逍遥阁景观图解

合肥逍遥津公园，在合肥市东南隅，古为淝水上渡口，有津桥可渡，并有"张辽威震逍遥津"的三国故事。逍遥阁仿汉代建筑风格，矗立在公园内的逍遥湖畔，三面临水，明三暗五层。一层展出内容为仿汉代商铺；二层展示着魏、蜀、吴三国著名人物；三层展示孙吴、曹魏两军著名战役场景；四层宽敞明亮，空气清新，外有露台，是观光休闲的理想场所，缓步入内，可尽情领略阁内主人张辽、乐进、李典大将和汉代歌舞俑、说唱俑的风采；五层是一组气势磅礴的《洛神赋》画卷，画卷下方，时代精英、历史文化名人、医界圣贤尽展风骚，四周的三国兵士俑和历代吟咏逍遥津诗词，营造出古朴、风雅的艺术环境。

1.逍遥阁景观

见图5-33~图5-37。

■图5-33　逍遥津公园入口景观（景观柱、三孔门）

■图5-34　飞骑桥上遥望逍遥阁

■图5-35　水上远观逍遥阁，岸边近赏逍遥阁

■ 图5-36　内部窗式文化景观

■ 图5-37　三国战役场景

2.逍遥阁周围辅助景观及登阁借景

见图5-38~图5-42。

■ 图5-38　水榭与长廊

■ 图5-39　逍遥亭（逍遥墅）、张辽衣冠冢（岛）

■图5-40 渡津桥（九孔桥）

■图5-41 近借莲庄景观

■图5-42 远借合肥城市景观

六、开封清明上河园拂云阁景观图解

开封清明上河园以《清明上河图》为蓝本，按照图中布局，采用宋代营造法式，结合现代建筑方法，集中再现了原图的购物景观和民俗风情。拂云阁是园内最高的建筑，也是园内登高远眺绝佳处。为明四暗三结构，三层红楼逶迤而上，四檐金瓦熠熠生光，耸立于连天碧波之间，一见之下顿起登临之意。阁名"拂云"有两层含义：一是形容阁高入云端，轻拂白云；二是寓意吹拂去历史的烟云，还宝图一个真迹。

1.拂云阁及其陪衬建筑景观

见图5-43~图5-48。

■ 图5-43　水中遥看拂云阁，虚实倒影景成双

■ 图5-44　回环岛上拂云阁　　　　　　■ 图5-45　在不同建筑烘托下的拂云阁

■ 图5-46　拂云阁近景，茗春坊

■ 图5-47　水心榭、宣和殿、宣德殿

■ 图5-48　水上傀儡馆，牌坊门

2.登阁远观近赏景观

见图5-49~图5-57。

■ 图5-49　七孔拱桥如龙卧

■ 图5-50　茗春坊、水上傀儡馆

■图5-51 宣和、宣德二殿，水心榭

■图5-52 错落曲折景龙湖

■图5-53 蹴鞠场（左前）、四方院（右后）

（a）　　　　　　　　　　　（b）

■图5-54 竞技馆（斗鸡）

（a）　　　　　　　　　　　（b）

■图5-55 马球场（女子马球）

（a）　　　　　　　　　　　　　（b）

■ 图5-56　汴河大战攀岩景观

（a）　　　　　　　　　　　　　（b）

■ 图5-57　远观汴河上善门、双亭桥与单跨木构彩虹桥

第二节　现代登高建筑及其远借景观图解

一、哈尔滨龙塔景观

1.龙塔景观

　　龙塔，即黑龙江省广播电视塔，为哈尔滨市的标志性建筑。塔高336m，建成时高度在钢塔中位于世界第二，亚洲第一，是一座集广播电视发射、旅游观光、餐饮娱乐、广告传播、环境气象监测、微波通信、无线通信于一体的综合性多功能塔。2008年11月8日亚洲第一高钢塔（龙塔），被正式批准加入世界高塔协会，成为了世界名塔。龙塔总面积为15991m²，其中塔座为12951m²，塔楼为3040m²，塔座由地下一层和地上四层组成球冠形。塔身正八面形，塔体为抛物线形，中间是圆柱形井道，由七条银白色的铝合金板和九条深蓝色镀膜玻璃围护，其中设有运行2.5m/s的观光电梯。塔楼设在181~206m处，由飞碟状的下塔楼和圆形的上塔楼组成。天线设在220.5~336m处。见图5-58~图5-61。

■图5-58　抛物线型塔身景观

■图5-59　塔基入口景观

■图5-60　钟鼓台景观

■图5-61　十二生肖与九龙景观

2.登塔漫步框景

见图5-62、图5-63。

■ 图5-62　空中漫步俯瞰

■ 图5-63　框景，或建筑或绿地

3.登塔远借景观

见图5-64~图5-67。

■ 图5-64　高低错落的城市景观

■ 图5-65

（b）

■图5-65 绿地与楼群交相辉映

■图5-66 绿地广场景观

■图5-67 绿地游园景观

二、法国埃菲尔铁塔

埃菲尔铁塔（法语：La Tour Eiffel）矗立在市中心塞纳河石岸上的战神广场上，塔基占地约1万平方米，是一座于1889年建成的镂空结构铁塔，高300m，天线高24m，总高324m。埃菲尔铁塔得名于设计它的桥梁工程师居斯塔夫·埃菲尔。铁塔设计新颖独特，是世界建筑史上的技术杰作，因而成为法国和巴黎的一个重要景点和突出标志。埃菲尔铁塔从1887年起建，分为三楼，分别在离地面57.6m、115.7m和276.1m处，其中第一二楼设有餐厅，第三楼建有观景台，从塔座到塔顶共有1711级阶梯，共用去钢铁7000t，12000个金属部件，259万只铆钉。

1.埃菲尔铁塔

见图5-68~图5-70。

（a）　　（b）

■图5-68 铁塔正面、侧面景观

■图5-69　内部钢构景观

■图5-70　铁塔基础绿化景观

2.三瞭望台

法国人说，埃菲尔铁塔是"首都的瞭望台"，事实的确如此。它设有上、中、下三个瞭望台，可同时容纳上万人，三个瞭望台各有不同的视野，也带来不同的情趣。一个世纪以来，每年大约有300万人登临塔顶，俯瞰巴黎市容。

（1）最高层瞭望台　离地面274m，若沿1652级阶梯而上，差不多要一个小时，当然也可采用电梯登高。这里最宜远望，它会使人们产生这样一种感觉：嘈杂的巴黎忽然静了下来，变成一幅巨大的地图，条条大道条条小巷画出无数根宽窄不同的线。全巴黎尽在脚下，当白天视野清晰时，极目可望60km。

（2）中层瞭望台　离地面115m。有人说，从这一层向外张望可以看到最佳景色。的确，淡黄色的凯旋门城楼、绿荫中的卢浮宫、白色的蒙马圣心教堂都清晰可见，色彩斑斓。傍晚登塔，则见夜色如画，繁灯似锦，翠映林荫，那些交织如网的街灯，真如雨后蛛网，粒粒晶莹。这一层还有一个装潢考究的全景餐厅，终年都是顾客盈门，座位必须提前预订才行。

（3）最下层瞭望台　面积最大，相当宽敞，设有会议厅、电影厅、餐厅、商店和邮局等各种服务设施。在穿梭往来的人群中，好像置身于闹市，而忘记这竟是57m的高空。从这里观赏近景最为理想：北面的夏洛宫及其水花飞溅的喷水池、塔脚下静静流过的塞纳河水、南面战神校场的大草坪和法兰西军校的古老建筑，构成了一幅令人难忘的风景画。

3.登塔空中瞭望景观

见图5-71~图5-74。

■ 图5-71 规则对称式绿地

■ 图5-72 流线自然式绿地

■ 图5-73 塞纳河及其桥梁景观

■ 图5-74　城市景观

三、新马泰现代特色建筑及其远借景观

1.马来西亚首都吉隆坡的双子塔

　　马来西亚首都吉隆坡的双子塔(Petronas Towers)是吉隆坡的标志性城市景观之一，是世界上目前最高的双子楼和第四高的建筑物，也是马来西亚经济蓬勃发展的象征。站在这里，可以俯瞰马来西亚最繁华的景象。双子塔内有全马来西亚最高档的商店，销售的都是品牌商品，当然价格也是最高的。塔内有东南亚地区著名的古典交响音乐厅——Dewan古典交响音乐厅，见图5-75、图5-76。

■ 图5-75　双子塔及其周围楼群

■ 图5-76　与双子塔呼应的双楼

2.新加坡船形空中花园

　　船形空中花园位于新加坡的滨海湾金沙酒店（Marina Bay Sands）三座塔楼顶部。滨海湾金沙娱乐城由美国拉斯维加斯金沙集团(Las Vegas Sands)出资建造，此工程总耗资57亿美元。海湾度假村，据设计师莫舍·萨夫迪（Moshe Safdie）介绍说，三座塔楼是根据一副牌的形状来设计的。由于建筑颇为复杂，整个工程历时4年。见图5-77~图5-80。

■ 图5-77　空中花园远景

■ 图5-78　空中花园近景

■ 图5-79　两边底部陪衬建筑景观

■ 图5-80　空中花园可资借景观

3.泰国芭堤雅高塔

　　芭堤雅位于曼谷东南147km处的暹罗湾，有"东方夏威夷"之誉。芭堤雅公园（PattayaPark）坐落于宗天海滩（JomtienBeach），里面的特色景点包括一个大型水上公园，一个高空篮筐、漏斗和一些其他的娱乐设施。里面还有一座高塔，人们可以在上边俯瞰当地的全景。见图5-81、图5-82所示。

■ 图5-81　依楼高塔、空中滑索

■ 图5-82　芭提雅城市景观

四、新加坡花柏山顶观景台景观图解

花柏山是新加坡可登临观景的最高一座山，约100m，位于甘榜巴鲁路。登至山顶，可放眼尽览全城、港口、南部岛屿及印尼廖内群岛的美丽景色，也是新加坡观赏日出的最佳地点。

1.花柏山公园主要景点

（1）花柏顶（Faber Point）　高达105m的花柏顶是公园内最高之处，站在花柏顶能够鸟瞰新加坡南部全景。这里有一棵雨树，于1971年11月7日的首届植树日种下，沿着这棵树是一个花木围绕的多层平台，平台地面上特别设计朝向不同方向的箭头，以告诉游客所指的地方与名胜地点。而瞭望台楼下的16幅壁画也可以让游客了解新加坡的历史和发展概况。

（2）海事村（Marina Deck）　海事村主要的特色是以一艘传统帆船为蓝本。这艘大船由三个部分组成，即餐厅、儿童游乐场及信号台，周围环境充满热带花园特色的景致。"帆船"上共有三个宽敞的"甲板"，适合人们聚会、设宴。此外，这里也是观赏新加坡海港的最佳地点。

（3）花丛走道（Floral Walk）　从花柏顶延伸到海事村设有花丛走道。行人可在特别设计的亭子内享受鸟语花香，同时，在花丛走道上辟有一个"棕榈园林"，供游人休息聊天。

（4）望东亭（Eastern Look-out Point）　位于花柏山东部的低洼处。游人可以在此观赏新加坡东部美景。花园设有健身区、宽广草场、野餐区以及可供游人鸟瞰市区景物的亭子。

（5）缆车亭（Cable Car Point）　在缆车亭旁建有两个观赏美景的平台，游人可以在此通过望远镜观赏我国南部风景。

2.花柏顶观景台

见图5-83~图5-85。

■ 图5-83　错落有致的多级平台

■ 图5-84　孤植雨树景观

■图5-85　台下景廊、文化景墙

3.登台远借景观

见图5-86、图5-87。

■图5-86　鸟瞰新加坡南部城市景观

■图5-87　绿丛中的城市美景

五、陕西法门寺合十舍利塔景观图解

法门寺合十舍利塔属于佛教建筑，由著名建筑设计大师李祖原策划设计。总建筑面积为76690m²，其中地上为60225m²，地下约为16465m²。呈双手合十状，塔高148m，相当于五十层楼高，中间有安放佛指舍利的宝塔形建筑，舍利塔前面有一条长达1500m的"佛光大道"，两旁用花岗石雕刻巨大的佛像。其恢宏的气势不仅传承佛教建筑的特色，更以现代化的技术融合古今中外建筑之精华，例如玻璃帷幕为现代科技的结晶，摩尼珠与莲花台亦蕴含印度传统佛教建筑的风格与精神等等，为佛教建筑注入新的生命力，展现新风貌。该塔成为佛指舍利安奉供养和瞻礼中心以及21世纪世界佛教文化中心。

1.合十舍利塔景观

见图5-88~图5-97。

■图5-88　在佛光大道首段遥望合十塔

■图5-89　在佛光大道末端远观合十塔

■图5-90　五福合十舍利塔（远景）

■图5-91　莲花池上合十舍利塔（中景）

■图5-92　合十舍利塔正面近景

■ 图5-93　合十舍利塔侧面近景

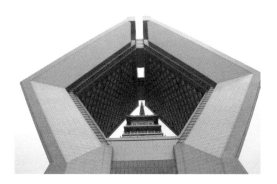

■ 图5-94　塔顶

■ 图5-95　三级莲花台（基座）

■ 图5-96　香炉、烛台角亭

■图5-97　金碧辉煌的内部景观（弥勒佛、摇钱树）

2.辅助景观及其借景

见图5-98~图5-103。

■图5-98　六度桥（花卉摆放）

■图5-99　五福壁

■图5-100　俯瞰莲花池、佛光大道

■图5-101　远借法门寺塔

■图5-102　法门寺塔、珍宝馆

■ 图5-103　合十标志牌景观

第三节　组合登高建筑及其远借景观图解

一、西安钟鼓楼景观图解

1.钟楼景观

　　钟楼初建于明洪武十七年（1384年），楼上原悬大钟一口，作为击钟报时用。建筑为重檐窝拱，攒顶转角的木质结构，共有3层。每层均施斗拱装饰。楼基面积达1377.64m²，通四街各有门洞。基座为正方形，高8.6m，宽约35.5m，用青砖砌筑。楼高27.4m。由地面至楼顶，高36m。内有楼梯可盘旋而上，供游人登临参观。钟楼的西北角上陈列着一口明代铁钟，重5t，钟边铸有八卦图案，建于明成化年间(1465～1487年)；但它比钟楼早先悬挂的铜钟却小得多了。钟楼原先悬挂的巨钟是唐代景云年间铸造的"景云钟"（现藏于碑林博物馆）。见图5-104、图5-105。

■ 图5-104　钟楼远景

■ 图5-105　钟楼近景及晨钟

2.登钟楼空中借景

见图5-106~图5-109。

■ 图5-106　近借开元商城、钟楼饭店

■ 图5-107　远借东大街、南大街

■ 图5-108　远借西大街、北大街

■ 图5-109　与鼓楼相互资借

3.鼓楼景观

鼓楼始建于明洪武十三年（1380年），清康熙十三年（1674年）和乾隆五年（1740年）先后重修，但楼体仍保持原建筑特点。楼九楹三层，为歇山顶重檐三滴水木构建筑。座宽38m，长52.6m，高8.7m，全用青砖砌筑。楼高24.3m，通高33m。南北正中辟有高、宽各6m的券门。北悬"声闻于天"匾额，南悬"文武盛地"匾额。楼建于基座中心，稳重厚实，见图5-110、图5-111。

■ 图5-110 鼓楼远景

■ 图5-111 鼓楼近景及二十四节气暮鼓

4.登鼓楼空中借景

见图5-112~图5-114。

■ 图5-112 近借绿化

■ 图5-113　远借屋顶

■ 图5-114　与钟楼相互资借

5.钟鼓楼广场

　　钟鼓楼广场又叫尚书省广场，面积达6万平方米，仅次于北京的天安门广场。广场北侧，是一排建筑为仿古式的酒店饭馆，一家挨着一家的门楣上，高悬着黑底鎏金大字的招牌，古朴典雅，韵味流畅，全为书法名家所题写，展示着这座古都深厚的文化氛围。见图5-115~图5-118。

■ 图5-115　钟鼓楼广场

■ 图5-116　文宝斋（仿古酒店饭馆）与钟楼、鼓楼形成三角构图关系

■ 图5-117　下沉式广场与步行街

■ 图5-118　树阵与花卉景观

二、乌鲁木齐市红山宝塔与远眺楼景观图解

1.红山公园简介

红山是乌鲁木齐的标志和象征，首先红山公园的驰名得益于红山的独特。见图5-119。

（1）红山巨龙　红山海拔910.8m，由于它是由紫色砂砾岩构成的，呈赭红色，故得"红山"一名。红山的外形像一条巨龙东西横卧，高昂的龙头伸向乌鲁木齐河。建于红山之上的红山公园是我国不可多得的山体公园，现在红山公园已发展成为一座集旅游观光、古典特色、人文内涵、体育健身为一体的综合性自然山体公园。

（2）主要景点　公园内有"塔映夕阳""古楼揽月""卧龙喷泉""石碑英烈""南湖泛舟""虎头赤壁""吉坛遥祭""佛庙云烟""双鹿迎宾""林中栈道""千木峥嵘""趣话红山""奇妙生肖""珍奇洞""太白崖洞""红山瀑布""空中索道""电脑喷泉""奇能滑道""飞

龙速滑""揽秀园"等景点。

（3）镇龙宝塔　据说红山是天池飞来的赤色蛟龙，因为不驯而被西王母斩为两截，一截就化作红山。后因河水经常泛滥，人们认为是蛟龙作祟，为了镇山镇水，清乾隆年间的都统尚安就命人在此山上造了一座镇龙宝塔；历时两百多年，至今完好无损。在中国，由于佛道两家文化的影响，山有了塔，似乎就有了文化底蕴，就加重了人对自然的山峰和人类文化的双重敬畏。

（4）登高远眺　特别是位于山顶最高处的远眺楼，登上楼顶"万景俱从一阁收"，极目远眺，天山群嶂、博格达峰、雪山美景美不胜举；近看繁华市容，高楼林立，车流如水，尽收眼底。

■图5-119　红山宝塔、远眺楼与摩天轮景观

2.红山宝塔

见图5-120、图5-121。

■图5-120　虎头蜂宝塔远景

（a）　　　　　　　　　　　　　　　　（b）

■图5-121　宝塔中景、近景（九级六面砖塔）

3.宝塔俯瞰景观

见图5-122~图5-124。

■ 图5-122 儒雅而不失威风的林则徐雕塑

■ 图5-123 置石情缘坡　　　　　　　　■ 图5-124 园亭、道路、高楼大厦

4.远眺楼景

见图5-125~图5-129。

■ 图5-125 观楼台、入口景观

■ 图5-126 远眺楼远景

■图5-127 远眺楼近景

■图5-128 楼台景观

■图5-129 楼台租摆小品

5.远眺楼远眺景观

见图5-130~图5-133。

■图5-130 高楼大厦

■ 图5-131　体育馆、电视塔　　　　　　■ 图5-132　万绿丛中一红塔

■ 图5-133　俯瞰人民公园景观

三、陕西旬邑千年斜塔与凤凰山观景台景观图解

1.千年斜塔（北宋泰塔）及其周围景观

千年斜塔位于旬邑县城内，是楼阁式砖塔，八角七层，高56m。在第一层北面正中辟有半圆形卷门。通过门里的甬道，进到塔心小室后有木梯可攀登远眺。第二层起，每层都有拱形的门洞与长方形的假门相间，逐层依次变换方位。各层塔檐于转角部位的中线上。用青石制成角石一根。它的外端均特意被加工雕琢成螭首，自翼角伸出。相传此塔建于唐代，但据塔身第六层北面东侧窗上的一块砖刻题记，起塔的时间为嘉祐四年正月中。由此证明，它的历史已经有900年了。千年斜塔外观秀丽，装饰典雅。昔人周崇雅《宝塔凌空》诗题记："玲珑金刹跨幽阳，七级芙蓉舍利藏。风雨翠屏形突兀，云霞白色镜苍茫。"见图5-134～图5-137。

■ 图5-134　千年斜塔作为古豳文化博览园的构图中心

■ 图5-135　千年斜塔中景

■ 图5-136　千年斜塔细部景观

■ 图5-137　文庙与亭廊组合景观

2.凤凰山观景台

见图5-138、图5-139。

■ 图5-138　凤凰山观景台

■图5-139　观景台城垛与亭廊景观

3.观景台上俯瞰景观

见图5-140~图5-142。

■图5-140　县城景观全貌（1）　　　　■图5-141　县城景观全貌（2）

■图5-142　旬邑中学与公刘雕塑

四、西宁市南山凤凰台、盔顶亭与西山电视塔景观图解

1.南山与西山简介

（1）南山凤凰台　相传南凉时有凤凰飞临西宁南山，故南山又名凤凰山。在南山公园西北部有一座小山包，上有平台，顶上有一亭，名曰凤凰亭，也称之凤凰台；亭上有一横额，上书"河湟引凤"。虽然传说中的孔雀楼早已荡然无存，但咏叹凤凰山的那首《凤台留云》却至今仍然广为传诵："凤台何日凤来游，凤自高飞云自留。羌笛一声吹不落，纤纤新月挂山头。""凤台留云"成为西宁的一大胜景，为古八景之一。登上凤凰台远眺，正如《西宁府新志》所载："当登临绝顶，纵目远眺，群山翠岚，三川烟云。凤凰亭雄伟壮观，亭阁回栏。绕栏回望，西

宁的全景则尽收眼底。"

（2）南山拱北　凤凰山山顶之侧，有一座伊斯兰教的"拱北"——伊斯兰教的先贤陵墓。拱北创建于元代，至今700年历史。历代几经毁焚，多次重建。现在看到的20世纪80年代初仿照甘肃河州大拱北的样式重建的。八角三层的拱北坐北朝南，飞檐秀出，造工精细。而现在的凤凰台，则是2001年由上海市浦东新区在凤凰亭原址上新援建的，这座30m高的凤凰台，以展翅欲飞的凤凰，白色的风帆，象征经济建设和各项事业的腾飞。

（3）西山电视塔　在凤凰山，可以遥望西宁西山，在西山海拔2395m的山地上，和凤凰亭遥相呼应的，是西宁电视台发射塔——"浦宁之珠"，这是一座集广播电视发射、旅游观光和城市规划展示等功能于一体的电视塔，是浦东援建西宁的又一项重点工程；总投资达1.45亿元，高188m，大小约为东方明珠电视塔的1/3，但据说是中国海拔最高的多功能观光塔。

2.南山凤凰台

见图5-143~图5-145。

■图5-143　凤凰台正面景观及其标志石

■图5-144　凤凰台侧面景观（张拉膜结构）

■图5-145　现代与古典融为一体的凤凰台景观

3.南山拱北（盔顶亭）

见图5-146。

■图5-146　伊斯兰教先贤陵墓建筑群景观（八角三重檐盔顶亭）

4.西山电视塔

见图5-147。

■图5-147　西山电视塔（远观）

5.登上凤凰台远借景观

见图5-148~图5-152。

■图5-148　木构观景平台

■图5-149 错落有致的高楼大厦　　　　　　■图5-150 城市大道景观

（a）　　　　　　　　　　　　　　　　　（b）

■图5-151 城市水系景观、城市游园景观

■图5-152 城市索道景观

五、成都望江公园一阁两楼景观图解

　　望江楼公园为纪念唐代女诗人薛涛之西蜀名园，坐落于成都东门锦江南岸，占地面积188亩。最宏丽的建筑是高39m的望江楼，又称崇丽阁，每层的屋脊、雀替都饰有精美的禽兽泥塑和人物雕刻。阁顶为鎏金宝顶，丽日之下金光闪闪，耀眼夺目。楼阁设计巧妙，飞檐翘角，雕梁画栋，雄伟壮观。登楼远眺，高杰栉比，锦江春色，尽收眼底。此外，吟诗楼四面敞开，三叠相依；濯锦楼两层三间，状如舟船。一阁两楼与毗连的五云仙馆构成极富四川风格的园林建筑群。

1.崇丽阁（望江楼）景观

　　见图5-153~图5-155。

■ 图5-153　林中崇丽阁、草地崇丽阁

■ 图5-154　崇丽阁近景

■ 图5-155　崇丽阁台基

2.濯锦楼景观

见图5-156~图5-158。

■ 图5-156 濯锦楼正面景观

■ 图5-157 濯锦楼背面景观（观赏锦江）

■ 图5-158 濯锦楼侧面景观

3.吟诗楼景观

见图5-159~图5-161。

■ 图5-159 吟诗楼正面景观

■图5-160　吟诗楼侧面景观

（a）　（b）

■图5-161　假山入口廊楼

4.其他辅助景观

见图5-162~图5-167。

（a）　（b）

■图5-162　园门入口，围墙

■ 图5-163　薛涛井

（a）

（b）

■ 图5-164　薛涛纪念馆、浣笺亭

（a）

■ 图5-165　五云仙馆

■ 图5-166 泉香榭

■ 图5-167 在泉香榭隔池远望崇丽阁

参考文献

[1]唐鸣镝, 黄震宇, 潘晓岚编著. 中国古代建筑与园林. 北京:旅游教育出版社, 2003.

[2]姜义华主编. 中华文化读本. 上海:上海人民出版社, 2004.

[3]沈瑞云主编. 中国传统文化十八讲. 杭州:浙江大学出版社, 2004.

[4]陈祺, 刘粉莲, 邓振义. 中国园林经典景观特色分析. 北京:化学工业出版社, 2012.

[5]陈祺. 园林局部细节景观图解. 北京:化学工业出版社, 2013.

[6]陈祺. 园林主题文化意境图解. 北京:化学工业出版社, 2014.

[7]吴宇江编. 中国名园导游指南. 北京:中国建筑工业出版社, 1999.

[8]罗哲文著. 中国古园林. 北京:中国建筑工业出版社, 1999.

[9]刘庭风编著. 岭南园林 广州园林. 上海:同济大学出版社, 2003.

[10]荣立楠编. 中国名园观赏. 北京:金盾出版社, 2003.

[11]潘宝明, 朱安平著. 中国旅游文化. 北京:中国旅游出版社, 2001.

[12]孙玉琴, 袁绍荣, 袁雄主编. 世界旅游经济地理. 广州：华南理工大学出版社, 2002.

[13]张富强编著. 北海—皇城宫苑. 北京：中国旅游出版社, 2002.

[14]陈其兵, 杨玉培主编. 西蜀园林. 北京：中国林业出版社, 2009.

[15]刘友如主编. 中国旅游胜地新编. 上海：上海画报出版社, 1999.

[16]福建省地图出版社编. 中国人常去的50个国家地图册. 福州：福建省地图出版社, 2005.